AF511284

EINFÜHRUNG

IN DIE

THEORIE DER DOPPELBRECHUNG.

ELEMENTAR-GEOMETRISCH DARGESTELLT.

EINE ERGÄNZUNG ZU DEN PHYSIKALISCHEN LEHRBÜCHERN

VON

HEINRICH GREINACHER.

MIT ZAHLREICHEN FIGUREN.

LEIPZIG
VERLAG VON VEIT & COMP.
1902

Druck von Metzger & Wittig in Leipzig.

Vorwort.

In vorliegendem Büchlein habe ich versucht, mit einfachen geometrischen Mitteln eine elementare Theorie der Doppelbrechung zu geben. Die Abhandlung ist daher vorzugsweise dazu bestimmt, denjenigen einen Einblick in dieses Gebiet zu gewähren, die in der Sprache der höheren Mathematik, in welcher die strenge Theorie abgefaßt ist, nicht bewandert sind. So ist denn außer wenigen geometrischen Kenntnissen nur die elementare Experimentaloptik vorausgesetzt. Immerhin habe ich bei diesen geringen Mitteln doch danach gestrebt, noch jenes Maß von Gründlichkeit und Klarheit bei der Darstellung zu beobachten, das zum Verstehen einer Sache notwendig ist.

Wenn also auch keine einwandsfreie und vollständige Theorie entstanden ist, so glaube ich doch meinen Wunsch dahin äußern zu dürfen, daß das Büchlein dem vorgesehenen Zwecke dienlich und ein brauchbarer Leitfaden für viele sein möge.

Im September 1902.

Der Verfasser.

Inhalt.

Einleitung.

§ 1. Das HUYGHENSsche Prinzip.

Die Kenntnis des HUYGHENSschen Prinzips und dessen Konsequenzen wird uns bei der Behandlung der Lichtfortpflanzung in Krystallen unentbehrlich sein. Wir schicken daher eine kurze Darlegung des allgemeinen HUYGHENSschen Prinzips voraus und gehen dabei aus von der Definition der Wellenfläche (Strahlenfläche). Diese ist definiert als Ort, bis zu welchem die gleichzeitig von einem Punkt ausgehenden Wellen (Strahlen) in derselben Zeit t gelangen. Aus dieser Definition folgt ohne weiteres, daß die verschieden langen Zeiten entsprechenden Wellenflächen unter sich ähnlich sind. Charakteristisch ist die Wellenfläche für die Zeiteinheit. Es gibt dann die Distanz vom Lichtcentrum bis zu einem beliebigen Punkt der Fläche die Fortpflanzungsgeschwindigkeit des Strahles in der betreffenden Richtung. Die Wellenfläche für Substanzen wie Luft, Glas, Krystalle des kubischen Systems, überhaupt für alle Körper, welche durch konstante optische Elastizität ausgezeichnet sind, ist, wie uns geläufig, eine Kugel. Im Gegensatz zu diesen homogenen, isotropen Medien werden wir es in der Folge mit Körpern zu tun haben, für welche zwar die Elastizität des zwischen seine Moleküle eingebetteten Äthers, d. h. die optische Elastizität auf einer gegebenen Richtung konstant ist, sich aber mit dieser ändert. Die Wellenfläche für solche homogene, anisotrope Substanzen kann also eine noch unbestimmte Gestalt haben, da bei variabler optischer Elastizität sich mit der Richtung auch die Fortpflanzungsgeschwindigkeit des Lichts ändert.

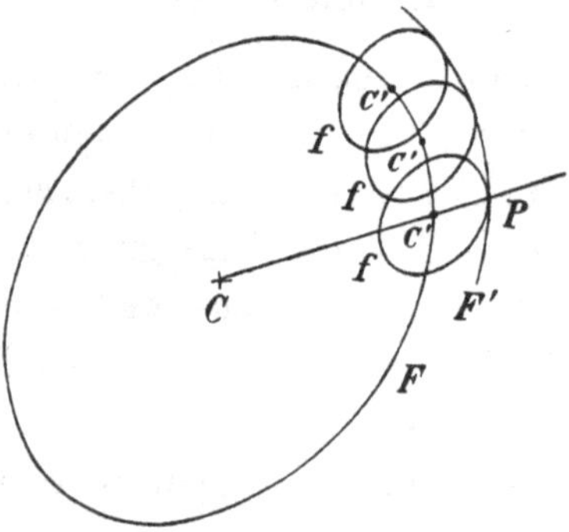

Fig. 1.

Es sei nun F (Fig. 1) ein Schnitt der Wellenfläche und C das Lichtcentrum; so wird also nach der Zeit t die Lichtbewegung von C nach F gekommen sein. Wären die Äthermoleküle auf dieser Fläche, welche Licht von Dunkelheit trennt, unbeweglich, so würde der Außenraum stets dunkel bleiben. Es ist also die Mitwirkung der Äthermoleküle einer Wellenfläche notwendig zur Fortpflanzung der Lichtbewegung nach außen. Man kann daher die Äthermoleküle von dem Momente an, wo sie von der Bewegung erfaßt werden, als neue Lichtcentra betrachten, sodaß von jedem dieser Punkte wieder eine

Wellenbewegung ausgeht. Nach dem Verlauf einer Zeit t' werden alle diese Bewegungen bis auf die um die entsprechenden Punkte gelegten Wellenflächen f gekommen sein, und zwar sind diese, wie leicht einzusehen, alle ähnlich gelegen zur Fläche F. Natürlich werden gleich beim Beginn der Wellenausbreitung um die Moleküle C', die ja unendlich nahe aneinanderliegen, die von ihnen ausgegangenen Wellen einander beeinflussen, d. h. interferieren. Dabei sieht man aber nicht von vornherein ein, daß die von der Fläche F aus nach innen gerichteten Wellen total interferieren, was nach unserer Auffassung eine notwendige Folge sein muß, da es ja eine bekannte Tatsache ist, daß das von einem Ort ausgegangene Licht ohne weitere Vorrichtungen nicht mehr nach ihm zurückkehrt. An dieser Stelle müssen wir uns begnügen, zu erwähnen, daß zuerst Kirchhoff streng mathematisch dargetan hat, daß wirklich die nach innen gerichteten Wellen sich vollständig vernichten, daß also unsere Anschauung von der Wellenausbreitung in diesem Punkte in Übereinstimmung mit den Tatsachen steht. Um daher den Ort zu erhalten, bis zu welchem das Licht von C aus in $(t + t')$ Sekunden gelangt, haben wir nach der neuen Auffassung nur um jedes Äthermolekül der Fläche F die der Zeit t' entsprechende Wellenfläche zu konstruieren (in Fig. 1 ist dies nur für drei Moleküle ausgeführt), dann wird die sie einhüllende Fläche F' der Ort sein, welcher Licht von Dunkelheit trennt. Die neue Wellenfläche F' ist in Übereinstimmung mit dem Früheren ähnlich mit F. Das Huyghenssche Prinzip steht auch im Einklang mit der geradlinigen Fortpflanzung des

Lichts, ja es gibt uns sogar eine Definition des Strahls. Daß es namentlich auch den Beugungserscheinungen Rechnung trägt, wollen wir nur nebenbei erwähnen.

Speziell interessiert uns die Definition des Strahls. Sei F (Fig. 2) die Wellenfläche. Dann ist nach dem HUYGHENSschen Prinzip die vom äußern Raum erhaltene Wellenbewegung das Resultat aller Einzelbewegungen der Äthermoleküle der Fläche F; es muß also auch das

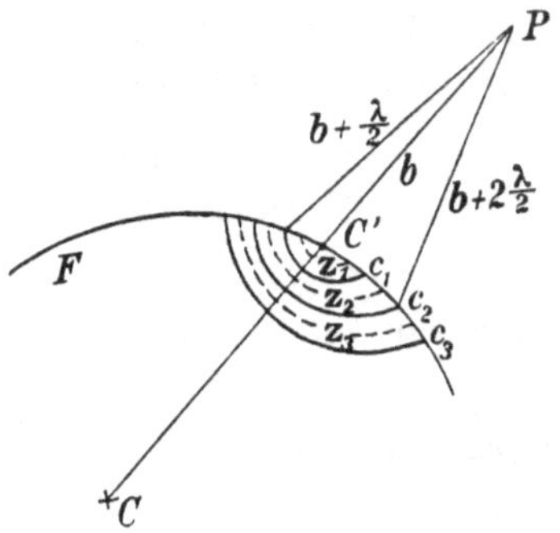

Fig. 2.

Licht, das nach einem einzigen Punkte P gelangt, die Resultante aller von F ausgehenden Bewegungen sein. Um uns daraus die geradlinige Fortpflanzung des Lichts plausibel zu machen, gehen wir mit FRESNEL so vor: Wir suchen auf F dasjenige Äthermolekül C', von welchem aus das Licht am schnellsten nach P gelangt. Man nennt C' auch etwa Pol des Punktes P. Dann nehmen wir die Distanz $\left(b + \frac{\lambda}{2}\right)$, wo λ die Wellenlänge des benutzten Lichts bedeutet, in den Zirkel und beschreiben die Kurve c_1, welche von P den konstanten Abstand

$\left(b + \frac{\lambda}{2}\right)$ hat. Machen wir die gleiche Konstruktion, indem wir der Reihe nach $\left(b + 2\frac{\lambda}{2}\right)$, $\left(b + 3\frac{\lambda}{2}\right)$ u. s. w. in den Zirkel nehmen, so erhalten wir die Elementarzonen z_1, z_2, z_3 u. s. w. Die Eigenschaften dieser Zonen sind dann folgende: 1. haben alle Äthermoleküle einer Zone höchstens einen Phasenunterschied von $\frac{\lambda}{2}$, 2. ist die Wirkung zweier angrenzender Zonen auf P entgegengesetzt, 3. haben alle Zonen bei beliebiger Wellenfläche F gleichen Flächeninhalt. Das letztere lehrt die Mathematik. Da nun die von irgend einem Äthermolekül nach P gezogenen Linien für die ersten Zonen merklich parallel sind, so können wir wegen der oben angeführten Flächengleichheit sagen, daß zwei benachbarte Zonen durch totale Interferenz in P eine Welle mit der Amplitude 0 hervorbringen würden. Wir denken uns nun den Interferenzvorgang folgendermaßen: Die Wirkung der an z_2 angrenzenden halben Zone z_1 wird durch die Hälfte von z_2 aufgehoben. Das Gleiche geschieht zwischen den angrenzenden Hälften von z_2, z_3 u. s. f., sodaß also schließlich nur noch die Wirkung der innern Hälfte der Elementarzone z_1 übrig bleibt. Dieses Resultat ist aber nur richtig, so lange unsere Voraussetzungen bestehen. Abgesehen davon, daß, wenn auch das Lichtcentrum C punktförmig wäre, im allgemeinen die Phase der Lichtbewegung auf der Wellenfläche verschieden ist, müssen wir ja gerade dem Umstande Rechnung tragen, daß alle Lichtquellen von endlicher Ausdehnung sind. Bei diesen Verhältnissen wird schließlich in den einzelnen Elementarzonen höherer Ordnung selbst die Phase verschieden sein. Um unser Resultat bestehen zu lassen, müssen wir daher annehmen, daß die von weiter entfernteren Zonen ausgehenden Wellen sich selbst vernichten. Diese Ungleichheit der Phase auf der Wellenfläche ist in der Tat der Hauptgrund, warum unsere Betrachtung nur für wenige Elementarzonen gilt. Eine kleine Rechnung ergibt z. B., daß Gleichheit der Phase für eine Wellenfläche der Sonne auf unserer Erde nur auf einem Flächenstückchen vom Durchmesser 0·06 mm angenommen werden darf.

Unser Resultat sagt nun aus, daß alles Licht, welches der Punkt P erhält, nur von der halben ersten Elementarzone herrührt. Wenn man also diese durch einen undurchsichtigen Körper verdeckte, so erhielte P gar kein Licht. $C'P$ ist daher der gesuchte Strahl. Er ist definiert als Richtung kürzester Ankunft. Wenn wir also auf Fig. 1 zurückkommen und annehmen, C sei unbekannt und man wolle den Strahl durch C' finden, so erhalten wir ihn sehr einfach als Linie nach dem Berührungspunkt P von f und F'; denn offenbar ist bei der um C' sich ausbreitenden Wellenbewegung der Berührungspunkt der Wellenfläche f der erste Punkt von F', welcher Bewegung von C' erhält. Umgekehrt sieht man, daß das Centrum C, ferner C' und der Berührungspunkt einer nachfolgenden Wellenfläche F' mit f auf demselben Strahle liegen. Aus dem Gesagten geht auch unmittelbar hervor, daß im allgemeinen die Richtung des Strahls nicht zusammenfällt mit der Normalen (Senkrechten) auf der Wellenfläche. Diese beiden Richtungen sind nur identisch für isotrope Medien.

Wir wollen nun unsere Anschauung von der Wellenfläche auf den speziellen Fall übertragen, wo letztere eine Ebene, wo das Lichtcentrum also unendlich weit entfernt ist. Dies ist merklich der Fall für die Sonne, sodaß die Sonnenstrahlen als parallel angesehen werden können. Eine Betrachtung der Wellenebenen ist nicht nur von praktischer Bedeutung, da man sich oft des parallelen Lichts zu experimentellen Untersuchungen be-

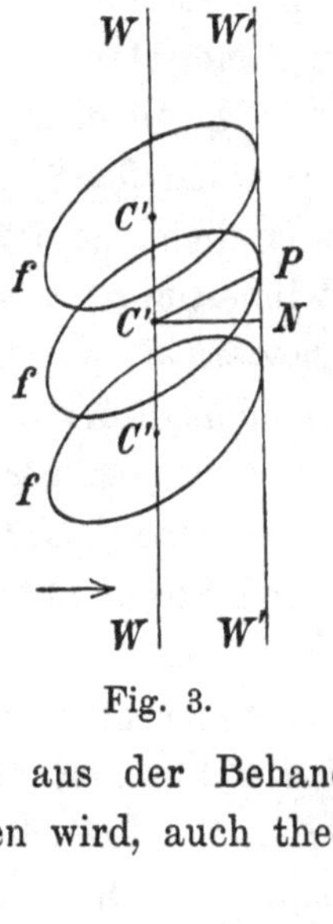

Fig. 3.

dient, sondern, wie aus der Behandlung der Doppelbrechung hervorgehen wird, auch theoretisch von großer Wichtigkeit.

Sei also *WW* (Fig. 3) die im Schnitt dargestellte Wellenebene, die sich in Richtung des Pfeils bewegen möge. Es soll nun die Wellenfläche für einen späteren Zeitpunkt gefunden werden. Nach früherem haben wir dazu nur um jedes Äthermolekül *C'* der Ebene *WW* die der gegebenen Zeit entsprechende Wellenfläche *f* zu konstruieren und die einhüllende Fläche darum zu legen. Wir erhalten dann, wie aus der Konstruktion oder aus der früher erwähnten Ähnlichkeit der Wellenflächen unter sich sofort zu entnehmen ist, wieder eine ebene Welle *W′W′*. Wollen wir nun die Richtung der Strahlen haben, so müssen wir nur die Linien von den Punkten *C′* nach den Berührungspunkten *P* ziehen. Wenn unsere Wellenebenen senkrecht auf der Papierebene stehen, so braucht deshalb *P* nicht in ihr zu liegen; doch kann dies bei geeigneter Lage von *f* eintreten. Wählen wir für *f* die Zeiteinheit, so gibt *C′P* offenbar die Fortpflanzungsgeschwindigkeit der Strahlen für Wellen parallel zu *WW*. Von ihr verschieden ist diejenige der Wellenebene selbst. *WW* ist in der Zeiteinheit nur bis *W′W′* gekommen, der senkrechte Abstand beider, die Normale *C′N*, gibt also die Fortpflanzungsgeschwindigkeit der Wellen parallel zu *WW*. Im Gegensatz zu *C′P* liegt aus geometrischen Gründen *C′N* stets in der Papierebene. Man nennt den Winkel, den Wellennormale und Strahl miteinander bilden, den Konjugationswinkel.

Mit dieser kurzen Betrachtung sind wir nun so weit, die HUYGHENSsche Konstruktion erklären zu können. Diese lehrt uns die beim Eintritt eines Strahlenbündels in ein beliebiges, eben begrenztes Medium entstehenden gebrochenen Wellen mit den zugehörigen Strahlen zu finden.

§ 2. Die HUYGHENSsche Konstruktion.

In Fig. 4 seien wieder alle Ebenen, welche im Schnitt dargestellt sind, senkrecht zur Papierebene. *MM′* sei die Trennungsebene der beiden Medien, von denen das obere als isotrop vorausgesetzt wird. Später kann dann die Betrachtung beliebig verallgemeinert werden; doch wird für unsere Zwecke die gemachte Annahme genügen. Es falle nun ein paralleles Strahlenbündel auf MM', sodaß W_1 die ihnen gemeinsame Wellenebene darstellt. Es fragt sich, wie schnell und nach welcher Richtung die Wellenbewegung weitergeht. Wir wollen zur Be-

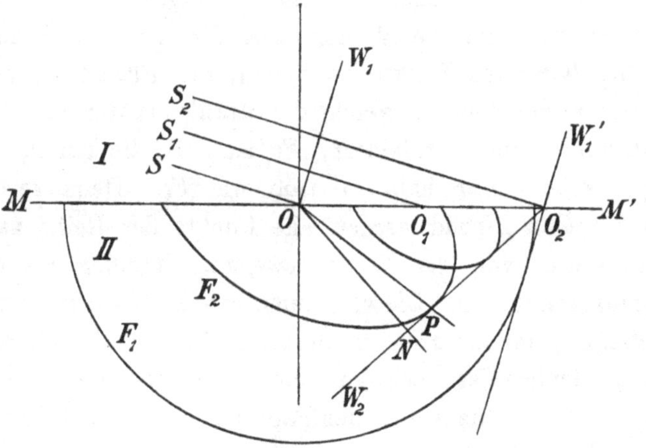

Fig. 4.

antwortung dieser Frage den Moment fixieren, wo der Strahl S auf MM' ankommt. Dann lassen wir eine so lange Zeit verstreichen, bis auch S_2 auf MM' auffällt. Wir können, da die Wahl der Einheiten immer freisteht, diese Zeit zur Vereinfachung willkürlich gleich eins festsetzen. Wenn also kein zweites Medium vorhanden gewesen wäre, so wäre die Wellenebene W_1 und mit ihr das Strahlenbündel bis W_1' vorgerückt, und speziell hätte sich die von O ausgehende Bewegung bis auf die Kugel F_1

vom Radius V_0 der Fortpflanzungsgeschwindigkeit im ersten Medium entsprechend fortgepflanzt. Da sich aber dem Strahl das zweite Medium entgegengestellt hat, so ist in der betreffenden Zeit die Wellenbewegung von O aus nur bis auf die dem Medium *II* entsprechende Wellenfläche F_2 gekommen. Nun sind freilich auch die später auf MM' auffallenden Strahlen, von denen nur der mittlere S_1 gezeichnet ist, in *II* eingedrungen; doch müssen wir, um die Wellenfläche für die von O nach rechts liegenden Punkte zu finden, die Fläche F_2 proportional der Zeit, um welche die Strahlen später auf MM' aufgefallen sind, verkleinern. So ist z. B. die um O_1 gelegte Fläche nur halb so groß wie F_2. Denn von O nach rechts gehend werden alle Punkte der Reihe nach erst später von der Wellenbewegung ergriffen als die vorausgegangenen. Die von ihnen aus in *II* vordringende Bewegung kommt also auf immer kleinere Wellenflächen. S_2 schließlich ist noch gar nicht eingedrungen. Diese Konstruktion, die wir in der Papierebene gemacht haben, gilt nun auch für alle dahinterliegenden Strahlen. Wir erhalten daher senkrecht hinter O noch eine Reihe von Punkten, für welche die zu konstruierende Wellenfläche die gleiche Größe hat. Wenn wir nun die neue Welle haben wollen, so müssen wir wieder die Enveloppe aller dieser Wellenflächen suchen, die dann Licht von Dunkelheit trennt. Diese gebrochene Welle W_2 ist eben, und zwar geht sie durch die Schnittlinie von W_1' und MM'. Wollen wir noch den SO entsprechenden gebrochenen Strahl haben, so verbinden wir O mit dem Berührungspunkt von F_2 mit W_2. OP gibt dann die Fortpflanzungsgeschwindigkeit des Strahls im Medium *II*, während die Normale *O N* die Geschwindigkeit der gebrochenen Welle gibt.

Aus dieser Darlegung geht also die Konstruktion von Welle und Strahl beim Eintritt in ein zweites Medium unmittelbar hervor. Man konstruiert um den Punkt *O* des einfallenden Strahls die kuglige Wellenfläche des Mediums *I*, legt die zu W_1 parallele Ebene an sie, konstruiert um *O* die Wellenfläche des Mediums *II* und legt die Tangentialebene an sie durch die Schnittlinie von *MM'* und W'_1. Diese gibt dann die gebrochene Wellenebene, während die Linie von *O* nach ihrem Berührungspunkt den gebrochenen Strahl liefert. Es ergibt sich auch ohne weiteres, daß im allgemeinen nicht mehr die Gesetze der gewöhnlichen Brechung gelten. Wird doch das Sinusgesetz aus der Huyghensschen Konstruktion gerade unter der Voraussetzung abgeleitet, daß die Wellenfläche des brechenden Mediums eine Kugel sei.

Nach diesem kurzen Überblick über die Konsequenzen des Huygensschen Prinzips sind wir nun imstande, unverzüglich an die Behandlung der Doppelbrechung zu gehen.

Die einaxigen Krystalle.

§ 3. Die Elastizitätsfläche.

Um die Gesetze der Doppelbrechung am einfachsten erklären zu können, gehen wir am besten von den optischen Elastizitätsverhältnissen der Krystalle aus. Wir werden dabei mit Fresnel annehmen, daß die Dichte des Äthers in den Krystallen konstant ist, während die optische Elastizität sich mit der Struktur derselben ändert. Und in der Tat lassen sich unter dieser Voraussetzung sämtliche Gesetze der Doppelbrechung auf einfache und einheitliche Weise erklären.

Bei Betrachtung der Struktur der Krystalle können wir diese leicht in zwei Klassen scheiden, nämlich in solche, die eine mehrzählige krystallographische Axe haben, und solche, die nur eine zweizählige oder gar keine besitzen. Zu ersteren gehören bekanntlich die Krystalle des kubischen, des quadratischen und hexagonalen, zu letzteren die des orthorhombischen, klinorhombischen und triklinen Systems. Unsere Einteilung in diese zwei Klassen ist in der Krystalloptik von großer Wichtigkeit; teilt sie doch zugleich die Krystalle in optisch einaxige und zweiaxige ein, wobei freilich das kubische System auszuschließen ist. In diesem ersten Kapitel wollen wir uns nun mit den ersteren beschäftigen.

Da die Elastizität des zwischen die Körpermoleküle eingelagerten Äthers abhängt von deren Anordnung (Struktur), diese aber bei den zu betrachtenden Krystallen symmetrisch um die Hauptaxe ist, so folgt daraus, daß auch die Elastizität zu jeder zur Hauptaxe parallelen Richtung sich symmetrisch verhält. Wenn wir daher eine solche als Hauptelastizitätsaxe bezeichnen, so muß jede Richtung, welche mit ihr den gleichen Winkel bildet, eine Richtung gleicher Elastizität sein. Wir nehmen nun, um uns eine Vorstellung von den Elastizitätsverhältnissen zu machen, auf der Hauptelastizitätsaxe einen festen Punkt O an, ziehen durch ihn alle möglichen Linien, tragen auf jeder die in dieser Richtung herrschende Elastizität in einer beliebig zu wählenden Einheit ab, verbinden alle so gewonnenen Punkte und erhalten eine Fläche, welche die Eigenschaft hat, für jede durch das Centrum gehende Richtung die zugehörige Elastizität zu geben. Aus dem schon Gesagten geht unmittelbar hervor, daß wir es mit einer Rotationsfläche zu tun haben. Der so konstruierte Körper ist aber ungeeignet für die Betrachtung der optischen Eigenschaften; hängt doch die Fortpflanzungsgeschwindigkeit V einer Wellenbewegung durch folgende Fundamentalformel von der Elastizität des Mediums ab:

$$V = c\sqrt{\frac{e}{d}}$$ [1]

[1] In der elektromagnetischen Lichttheorie lautet die Formel:

$$V = \frac{c}{\sqrt{\varepsilon}},$$

wobei c die Fortpflanzungsgeschwindigkeit im freien Äther und ε die Dielektrizitätskonstante bedeutet. Bei dieser Theorie tritt ge-

Da c eine Konstante bedeutet, die Dichte d des Äthers aber auch konstant ist, so folgt daraus, daß die Fortpflanzungsgeschwindigkeit einer Welle proportional ist der Quadratwurzel aus der Elastizität. Wir tun also besser, unsere Fläche so zu konstruieren, daß sie nicht die Elastizitäten selbst, sondern die Quadratwurzel aus ihnen gibt. Wir erhalten auf diese Art eine Rotationsfläche (Fig. 5 und 6), welche von FRESNEL Elastizitäts-

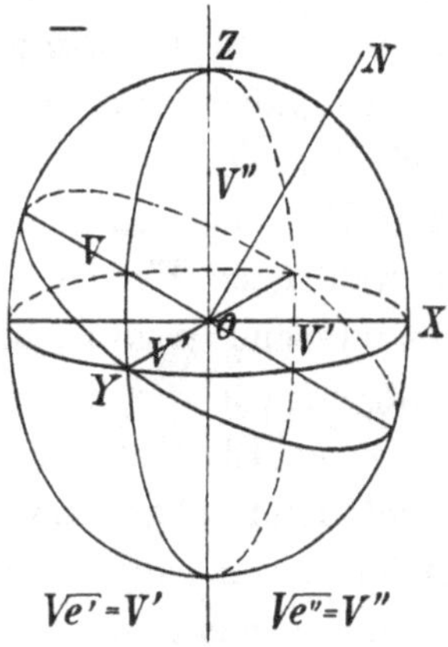

Fig. 5.

fläche genannt worden ist. Sie wird mathematisch in der Elastizitätslehre hergeleitet, wobei sich zeigt, daß sie

---

mäß dem Unterschied in der Formel stets die Größe $\frac{1}{\sqrt{e}}$ auf, wo wir $\sqrt{e}$ haben. Wo wir in der Folge von kleinster und größter Elastizität sprechen, da heißt es in der elektromagnetischen Theorie größte und kleinste Dielektrizitätskonstante. Die Flächen, die wir zum Studium der Doppelbrechung noch gebrauchen werden, sind in beiden Theorieen dieselben.

ein Rotationsovaloid ist. Seine halbe Hauptaxe ist gleich der Wurzel aus der Hauptelastizität $\sqrt{e''}$, die halbe Nebenaxe gleich der Wurzel aus der seitlichen Elastizität $\sqrt{e'}$. Dabei kommt es ganz auf die Struktur des Krystalles an, ob $e'' > e'$ oder $e' > e''$ ist. Wir wollen bei dieser Gelegenheit noch kurz bemerken, daß eine beliebige durch die Hauptaxe OZ gelegte Ebene das Ovaloid in kongruenten Ovalen schneidet, daß wir also die ferneren

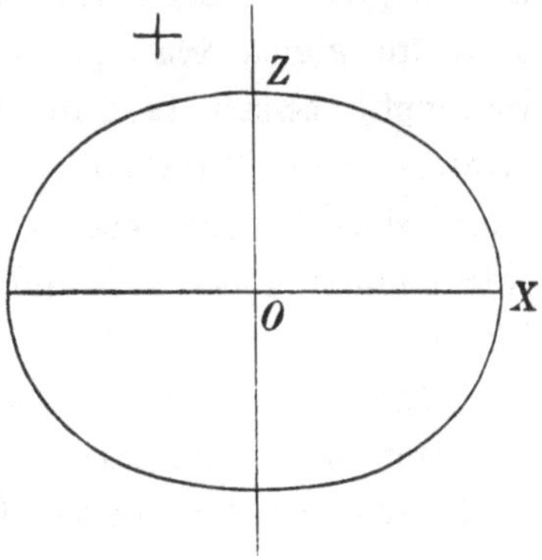

Fig. 6.

Betrachtungen anstatt am Körper selbst, bequem an einem solchen Oval ausführen können. Das Oval ist, vorläufig bemerkt, eine Kurve, die etwas weniger spitz ist als die über den gleichen Durchmessern konstruierte Ellipse.

Um nun die Fortpflanzung des Lichts in Krystallen studieren zu können, benützen wir die Tatsache, daß die Fortpflanzungsgeschwindigkeit einer Welle proportional oder bei geeigneter Wahl der Einheit einfach gleich der Quadratwurzel aus der Elastizität ist. Dabei kommt diejenige Elastizität in Betracht, welche in Richtung der schwingenden Ätherteilchen herrscht. Nun finden aber die Äthervibrationen in der Wellenebene statt. Wenn wir also die Elastizität für jede beliebige Richtung kennen, so müssen wir daraus die Fortpflanzungsgeschwindigkeit der Wellenebenen bestimmen können. Wir werden daher aus der Elastizitätsfläche nicht die Geschwindigkeit des Strahls OP (Fig. 4) erhalten, sondern die Länge der Wellennormalen ON. Die Elastizitätsfläche heißt darum auch Ovaloid der normalen Geschwindigkeiten. Damit dürfte gleich klar geworden sein, daß wir in der Krystalloptik scharf zu unterscheiden haben zwischen den Gesetzen der Strahlen und denen der Wellenebenen. Zwischen beiden besteht, wie wir schon wissen, ein fundamentaler Zusammenhang; kennen wir nämlich das eine der beiden und die Wellenfläche, so kann das andere durch Konstruktion oder Rechnung gefunden werden. Wir stellen uns nun zur Aufgabe, aus unserm Ovaloid die Wellenfläche, dieses Bindeglied, zu bestimmen.

§ 4. Die Wellenfläche.

Denken wir uns irgend eine Richtung im Krystall, und fragen wir uns, mit welcher Geschwindigkeit eine Wellenebene sich in ihr fortpflanzen wird. Zu diesem Zwecke bringen wir das Centrum unseres Ovaloids auf diese Richtung und legen senkrecht zu ihr eine Ebene durch das Centrum. Wenn wir diese als unsere Wellenebene betrachten, so können wir aussagen, daß die Quadratwurzel aus der Elastizität in ihr ihrer Fortpflanzungsgeschwindigkeit proportional ist; denn es kommt ja auf die Elastizität des Mediums in Richtung der Äthervibrationen, welche in unserm Falle in der Wellenebene vor sich gehen, an. Um diese Größe zu finden, haben wir nun einfach den Abstand der durch Ebene und Ovaloid bestimmten Schnittkurve zu betrachten. Letztere ist ein Oval, dessen Abstand vom Centrum variabel ist; er variiert von der Größe der großen bis zu der der kleinen Halbaxe des Ovals. Wir bekommen also zur Antwort, daß in der betrachteten Richtung sich eine Menge von Wellen fortpflanzen können, deren Geschwindigkeit verschieden ist. Nun lehrt aber die Erfahrung, daß nur zwei Wellen, in einem speziellen Fall sogar nur eine in einer Richtung sich bewegen. Die Geschwindigkeiten dieser zwei ebenen Wellen müssen aber durch unser Schnittoval gegeben sein. Es sind die beiden privilegierten Halbmesser desselben, nämlich seine große und kleine Halbaxe. Dieses Resultat, das wir leicht vermuten konnten, wird aber in der Elastizitätslehre direkt hergeleitet. Dort wird nämlich gezeigt, daß jede Welle beim Auftreffen auf ein anisotropes Medium sich sofort spaltet in zwei nach den Richtungen der größten und kleinsten Elastizität linear polarisierte Wellen, deren Schwingungsebenen stets senkrecht zueinander stehen. Daraus geht hervor, daß nur die kleinste und größte Elastizität in der Wellenebene in Betracht kommen, also die große und kleine Halbaxe die beiden Fortpflanzungsgeschwindigkeiten ergeben.

Nun sind wir mit unserer Betrachtung schon so weit, um die Wellenfläche konstruieren zu können. Haben wir nämlich irgend eine Richtung in unserm Ovaloid, so finden wir nach dem Gesagten die Geschwindigkeit der zwei

Wellen, für welche die betreffende Richtung Normale ist, indem wir senkrecht zu ihr eine Ebene durch das Centrum legen, im Schnittoval den größten und kleinsten Halbmesser suchen und diese auf der Richtung abtragen. Die durch die so gewonnenen Punkte senkrecht zu ihr gelegten Ebenen sind dann die Wellenebenen nach Verfluß einer Sekunde. Machen wir diese Konstruktion für alle möglichen Normalen, so wird die Gesamtheit aller

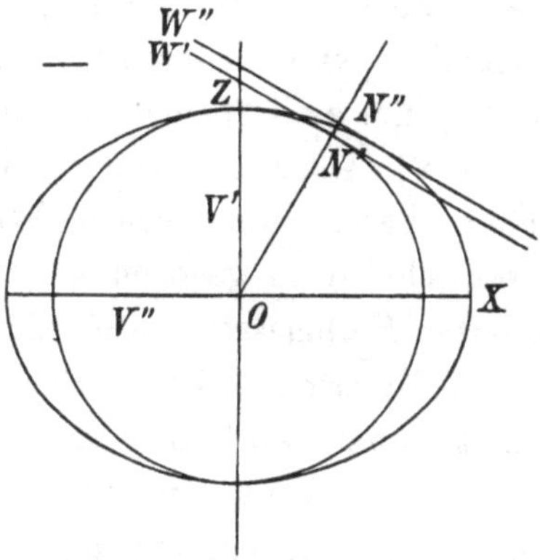

Fig. 7.

dieser Wellenebenen eine zweischalige Fläche einhüllen, welche nichts anderes als die Wellenfläche ist. Aus Symmetriegründen geht hervor, daß auch sie eine Rotationsfläche sein muß. Wir können uns daher begnügen, ihre Konstruktion nur für einen Schnitt durch OZ zu machen. Wir lassen also die Richtung ON (Fig. 5) sich von OX nach OZ drehen, wobei wir auf ihr stets die beiden Halbaxen des Schnittovals auftragen. Durch die die Endpunkte N' und N'' (Fig. 7) legen wir darauf die Senkrechten W' und W'' und erhalten dann einen Kreis und eine Ellipse, beide eben von diesen Geraden eingehüllt. Der Kreis erklärt sich einfach dadurch, daß die eine Halbaxe des Schnittovals konstant gleich V''; die Bildung einer Ellipse hingegen ist nicht ohne weiteres verständlich. Wir sehen zwar wohl, daß V von V'' bis V' ab- bezw. zunimmt, je nachdem man Figur 5 oder 6 be-

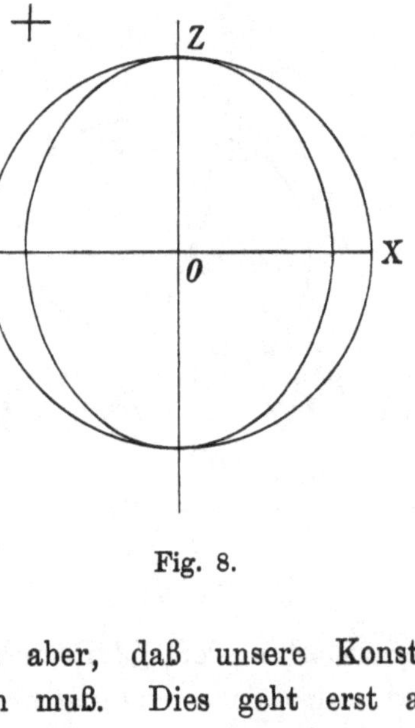

Fig. 8.

trachtet, nicht aber, daß unsere Konstruktion eine Ellipse ergeben muß. Dies geht erst aus folgender Eigenschaft des Ovals hervor: Wenn man nämlich die Senkrechten in allen Punkten des Ovals auf den durch den Mittelpunkt gehenden Linien errichtet, so hüllen diese eine Ellipse ein. Umgekehrt ist gerade durch diese Konstruktion das Oval definiert und das ist für uns wichtiger; gibt sie doch auch dem Nichtmathematiker die Gewißheit, daß das Oval eine mathematisch definierte Kurve ist. Dieses kann also gezeichnet werden mit Hilfe einer Ellipse, an deren sämtliche Punkte Tangenten gezogen werden. Läßt man sodann die Normalen aus dem Centrum auf diese herab, so liefern die so gefundenen Punkte verbunden das Oval, das der Ellipse mit den gleichen Axen umschrieben ist. Eine Zeichnung wird dies sehr leicht veranschaulichen. Wie schon erwähnt, ergibt sich also

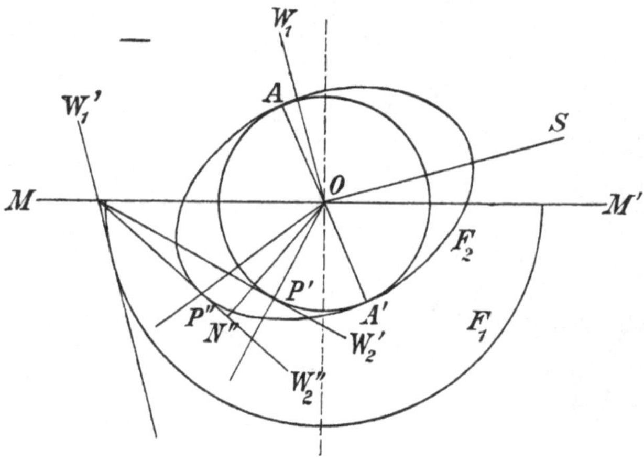

Fig. 9.

für die Konstruktion in der XZ-Ebene ein Kreis und eine Ellipse; wir sehen daher unmittelbar, daß die beiden Schalen der Wellenfläche eine Kugel und ein Rotationsellipsoid sind. Und zwar berühren sich die beiden Schalen, die Kugel und das Ellipsoid, in zwei Punkten, welche die Durchstichpunkte der Rotationsaxe sind. Die Figuren 7 und 8, welche die Wellenfläche im Schnitt darstellen, zeigen ferner, daß die Kugel sowohl innerhalb als außerhalb des Ellipsoides liegen kann. Im erstern

Falle ist die Hauptelastizität des Krystalls größer und im zweiten kleiner als die seitliche Elastizität.

Da wir nun einmal die Wellenfläche haben, sind wir gemäß der Huyghensschen Konstruktion auch im stande, den Zusammenhang von Wellen und Strahlen in einaxigen Krystallen zu erörtern. Wir nehmen die Trennungsfläche MM' des Krystalls (Fig. 9) beliebig an. Um zur einfallenden Wellenebene die gebrochenen Wellen und Strahlen zu finden, legen wir das Centrum der Wellenfläche nach O, sodaß OA in die Richtung der krystallographischen Axe kommt. Wir konstruieren die Kugel F_1 vom Radius V_0, die der Fortpflanzungsgeschwindigkeit in Luft entspricht, legen eine zu W_1 parallele Tangentialebene W_1' an sie, legen ferner durch die Schnittlinie von W_1' und MM' zwei weitere Tangentialebenen an die beiden Schalen der Wellenfläche F_2; diese stellen dann die gebrochenen Wellen W_2' und W_2'' dar, wähıend die von den Berührungspunkten nach O gezogenen Linien OP' und OP'' die zugehörigen Strahlen sind. Aus dieser Konstruktion erhellt sofort, daß die beiden Normalen der gebrochenen Wellen OP' und ON'' stets in der Einfallsebene liegen, während der Strahl OP'' im allgemeinen nicht in ihr liegt. OP', der ganz die Gesetze der einfachen Brechung (Sinusgesetz) befolgt, ist demzufolge auch stets in der Einfallsebene. Er wird dieser Eigenschaften wegen der ordentliche Strahl genannt im Gegensatze zu OP'', welcher der außerordentliche ist. Dieser bleibt zwar ebenfalls in der Einfallsebene, wenn die optische Axe AA' sich zugleich in ihr befindet. Ja, er wird für einen speziellen Fall sogar ordentlich, wenn nämlich AA' senkrecht zur Einfallsebene steht. Von diesem Spezialfall, sowie von andern, die z. T. praktisch verwertet werden zur Bestimmung der Hauptbrechungsindices $n_0 = \frac{V_0}{V'}$ und $n_a = \frac{V_0}{V''}$, kann man sich leicht durch einige Zeichnungen überzeugen. Wir erwähnen nur noch den wichtigen sehr speziellen Fall, wo beide gebrochenen Wellen in eine zusammenfallen, was eintritt, wenn sie beide zugleich den Fußpunkt der Axe AA' tangieren. Es tritt in diesem Fall auch nur ein einziger gebrochener Strahl auf. Es gibt also eine Richtung einfacher Brechung, welche eben die optische Axe genannt wird. Sie fällt mit der krystallographischen Axe zusammen. In ihr wird ferner die eintretende Welle auch nicht polarisiert, sondern tritt als natürliches Licht durch. Für jede andere Richtung aber sind die Wellenebenen linear polarisiert, und zwar stehen die Schwingungsebenen der zwei gebrochenen Wellen immer senkrecht aufeinander. Was ihre Lage betrifft, so wissen wir, daß die eine durch die Axe AA' geht, also mit einem Hauptschnitt zusammenfällt. Man hat aber bisher noch nicht entscheiden können, ob dies die Schwingungsebene von W_2' oder W_2'' ist.[1] Wir wollen aber mit Fresnel annehmen, daß der außerordentliche Strahl im Hauptschnitt, der ordentliche senkrecht zu ihm schwingt.

[1] Nach der elektromagnetischen Lichttheorie ist die Frage entschieden. Wenn man unter ebenen Lichtschwingungen die elektrischen versteht, so ist Fresnels Auffassung die richtige. Dagegen hat Franz Neumann, der das Umgekehrte annimmt, recht, wenn man unter Lichtschwingungen die magnetischen meint.

Oder, wenn wir uns eines noch aus den Anfängen der Theorie stammenden Ausdrucks bedienen wollen, wo man gerade die zur Schwingungsebene senkrechte Ebene als Polarisationsebene bezeichnete, können wir auch sagen, daß die Polarisationsebene des ordentlichen der Hauptschnitt, die des außerordentlichen die dazu senkrechte Ebene ist. Und in der Tat scheint die Sache sehr plausibel, wenn man annimmt, daß die Fortpflanzungsgeschwindigkeit nur von der Elastizität der Richtung, in welcher die Schwingungen stattfinden, abhängt. Der ordentliche Strahl hat eine konstante Fortpflanzungsgeschwindigkeit; er muß daher in einer Richtung konstanter Elastizität schwingen; das ist aber jede zur Axe senkrechte Richtung. Für den außerordentlichen Strahl liegt die Sache ganz anders. Je nach der Neigung des einfallenden Strahls SO gegen MM' schwingt er in Richtung verschiedener Elastizität, er pflanzt sich also auch mit variabler Geschwindigkeit fort. Sein Index ändert seinen Wert von n_0 bis n_a.

Die Kenntnis der Lage der Schwingungsebenen scheint bei dieser Darlegung ganz aus der Erfahrung zu stammen; doch ist eigentlich unser Ovaloid schon im stande, diese Aufgabe zu lösen. Betrachten wir die beiden je durch eine Axe des Schnittovals mit der Normalen definierten Ebenen, so sind dies gerade die Schwingungsebenen der zugehörigen Wellen. Diese beiden Ebenen stehen wirklich stets senkrecht aufeinander, sind zwar nicht die Schwingungsebenen der zwei gebrochenen Wellen, die aus einer entstanden sind, sondern die zweier Wellen, die sich in gleicher Richtung fortpflanzen. Doch steht dies im Einklang mit dem schon bekannten Resultat; denn die eine im Ovaloid definierte Schwingungsebene geht, wie leicht zu sehen, für alle Lagen durch die Axe der Hauptelastizität, also auch durch die optische Axe, die andere steht stets senkrecht zu ihr. In der Tat sind das die Sätze, die wir schon ausgesprochen haben. Unser Ovaloid gibt auch den Fall, wo das Licht unverändert durch den Krystall hindurchgeht. Nämlich für die Hauptaxe wird das Schnittoval zum Kreis, alle Halbmesser sind gleich, die oben definierte Schwingungsebene kann jede durch die Axe gehende Richtung annehmen, d. h. das Licht tritt unverändert durch. Wir wollen nur noch ein Wort über die Richtung der Äthervibration selbst beifügen. Solange Wellenebene und Strahl senkrecht zueinander stehen, schwingen auch die Ätherteilchen senkrecht zum Strahl. Dies ist der Fall für den ordentlichen Strahl, für den außerordentlichen aber gilt der Satz, daß die Vibration zur Normalen wohl stets senkrecht bleibt, dagegen mit dem Strahl einen wenn auch nicht sehr von 90^0 abweichenden Winkel einschließt.

Wir wollen dies Kapitel von der Wellenfläche nicht abschließen, ohne noch von einer wichtigen Klassifikation der einaxigen Krystalle zu sprechen. Wir haben sie bereits unterschieden, je nachdem $e'' > e'$ oder $e' > e''$. Es modifiziert sich dann entsprechend die Wellenfläche (Fig. 7 und 8). Wenn die Kugel innen liegt, so bezeichnet man die Krystalle als negativ, wenn die Kugel das Ellipsoid umgibt, als positiv. Nach der Huyghensschen Konstruktion überzeugt man sich leicht, daß in ersterem

Falle der außerordentliche Strahl weiter vom Lote abliegt als der ordentliche; er scheint also von diesem abgestoßen zu werden, weshalb diese Klasse auch die der repulsiven Krystalle genannt wird. In letzterem Falle scheint der außerordentliche Strahl vom Lote angezogen zu sein, was zu dem Namen der attraktiven Krystalle geführt hat. Man kann auch sagen: Negativ ist ein Krystall, wenn seine Hauptelastizität die größere ist, positiv, wenn das Umgekehrte der Fall ist.

§ 5. **Das Ellipsoid der Strahlengeschwindigkeiten.**

Da die Wellenfläche zugleich die Strahlenfläche ist, diejenige Fläche, bis zu welcher die Strahlen in der gleichen Zeit sich fortpflanzen, so können wir fragen: Gibt es ein Flächengebilde, das die Gesetze der Strahlen ebenso in sich vereinigt wie das Ovaloid diejenigen der Wellenebenen, aus dem also ebenfalls die Strahlenfläche konstruiert werden kann? In der Tat haben wir eine solche Oberfläche; wir brauchen nur über den nämlichen Axen des Ovaloids ein Rotationsellipsoid (Fig 10) zu konstruieren, um sie zu erhalten. Nehmen wir irgend eine Richtung CS in diesem Ellipsoid und legen eine Ebene senkrecht zu ihr durch C, so schneidet diese dasselbe in einer Ellipse, deren eine Halbaxe den konstanten Wert V' hat, deren zweite aber bei der Bewegung von CS von X nach Z sich von V'' bis V' ändert. Trägt man nun für alle möglichen Richtungen von CS die beiden so gefundenen Halbaxen auf ihr ab und verbindet die dadurch gewonnenen Punkte, so erhält man, wie man sich leicht durch eine Zeichnung überzeugen kann, die bereits bekannte Wellenfläche. Es genügt auch hier, die Konstruktion z. B. nur für die XZEbene zu machen, man erhält dann ebenfalls nur einen Schnitt der Wellenfläche, wie in Figur 7 oder 8. Nun sind aber die zwei auf CS abgetragenen Strecken nichts anderes wie die Fortpflanzungsgeschwindigkeiten

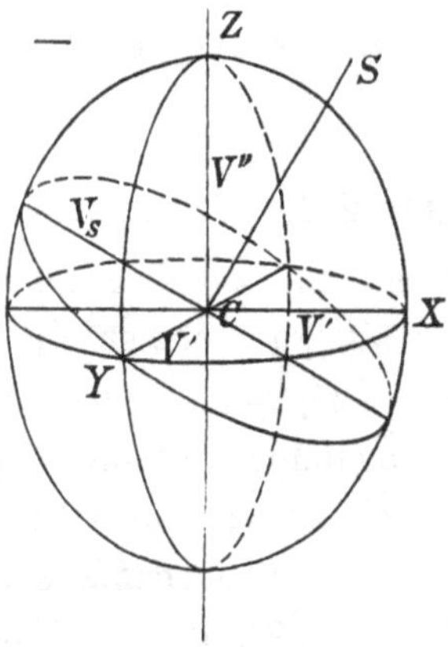

Fig. 10.

der zwei in derselben Richtung sich fortpflanzenden Strahlen, da ja die angegebene Konstruktion die Strahlenfläche liefert; d. h. CS ist die Richtung der Strahlen, für die die beiden Halbaxen der Schnittellipse die Fortpflanzungsgeschwindigkeiten bedeuten. Unser Ellipsoid ist also im stande, die Strahlengeschwindigkeiten zu geben. Es liefert aber auch noch die Schwingungsebenen der Strahlen. Betrachten wir wieder die durch je eine Axe der Schnittellipse und die Strahlenrichtung CS definierten zwei Ebenen, so sehen wir leicht, daß die eine stets auch die Rotationsaxe des Ellipsoids (also auch die optische Axe) in sich faßt, während die andere immer senkrecht zu ihr steht. Diese beiden Ebenen geben also in einfacher Weise die Schwingungsebenen unserer beiden Strahlen. Es scheint daher näherliegend, die Gesetze der Doppelbrechung aus dem geometrisch einfachern Ellipsoid herzuleiten; doch wollen wir nicht vergessen, daß das Ovaloid, auf der Theorie der Elastizität basierend, geeigneter ist, uns eine Vorstellung vom Grund der Erscheinungen zu geben. Von dem Begründer der Theorie der Doppelbrechung nach der Undulationslehre, von Fresnel, ist anfangs die Elastizität in Zusammenhang mit diesem Ellipsoid gebracht worden. Es sollte nämlich die Elastizitätsfläche vorstellen. Nun ist ja die Tatsache, daß für geringe Doppelbrechung das Ovaloid mit dem Ellipsoid sehr nahe übereinstimmt, sehr günstig für eine solche Verwechslung. Fresnel hat sich aber bald korrigiert, was hingegen nicht hinderte, daß unserm Ellipsoid noch der Name Elastizitätsellipsoid geblieben ist. Doch dürfte diese Bezeichnung nach dem bisher Mitgeteilten dem in die Theorie Eindringenden keinen Anlaß zu Verwirrung mehr geben.

§ 6. Das Polarisationsellipsoid.

An Stelle des Ovaloids gibt es nun wirklich ein Ellipsoid, das dieselben Dienste leistet wie jenes. Diese Tatsache ist von Wichtigkeit, weil dadurch die Möglichkeit geboten ist, an Stelle der Betrachtung des nicht so übersichtlichen Körpers eines Ovaloids die eines Ellipsoids zu setzen. Dieser Zusammenhang läßt sich auf einfache Weise darstellen. Das Polarisationsellipsoid (Fig. 11), das von CAUCHY seinen Namen erhalten hat, ist über der Hauptaxe $\frac{1}{V''}$ und den Nebenaxen $\frac{1}{V'}$ konstruiert. Unsere Figur stellt es im Schnitt für den Fall negativer Krystalle dar. Aus ihm wird das Ovaloid abgeleitet, indem man auf allen möglichen Richtungen CN die reziproken Werte der Länge CD abträgt. Man erhält so einen Rotationskörper von der Hauptaxe V'' und

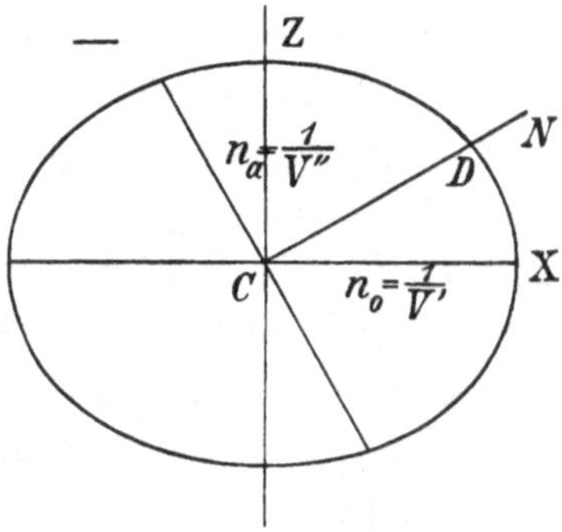

Fig. 11.

den Nebenaxen V', welcher, wie man sich durch eine Zeichnung leicht dartun kann, einfach das Ovaloid mit den Axen V'' und V' vorstellt. (Bei einer Konstruktion, die in einem Schnitt ausgeführt werden kann, können die aufzutragenden reziproken Werte, wenn sie zu klein ausfallen, vorteilhaft alle mit einer konstanten Größe multipliziert werden; denn die Größe aller unserer Figuren ist ja relativ.)

Das Polarisationsellipsoid kann also ebenfalls die Wellennormalen liefern. Man hat nur für eine Normale die zu ihr senkrechte Ebene durch C zu legen, die reziproken Werte der Halbaxen der Schnittellipse auf ihr aufzutragen und die beiden senkrechten Ebenen durch die Endpunkte zu legen, um die beiden Wellenebenen einer Richtung zu erhalten. Daraus folgt in gleicher Weise wie früher die Konstruktion der Wellenfläche. Auch die Polarisationsebenen sind gegeben durch die Axen der Ellipse und der Normalen, wie man sich leicht überlegen kann.

Zum Schluß wollen wir noch beifügen, daß das Polarisationsellipsoid auch den Namen Ellipsoid der Indices trägt, aus dem Grunde, weil es über den reziproken Werten der Fortpflanzungsgeschwindigkeiten konstruiert ist. Da $n_0 = \frac{V_0}{V'}$ und $n_a = \frac{V_0}{V''}$, wobei wir nach Wahl $V_0 = 1$ setzen, dürfen wir auch sagen, es sei über den Hauptindices n_0 und n_a konstruiert.

§ 7. Die Haupterscheinungen planparalleler Plättchen im Polarisationsapparat.

Wir wollen in diesem Paragraphen eine kurze Anleitung geben zur Erklärung der einfachsten Erscheinungen, welche im Polarisationsapparat beobachtet werden können. Dieser Apparat besteht gewöhnlich aus zwei Nikols, d. h. zwei optischen Anordnungen, welche nur außerordentliche Wellen durchlassen, die ordentlichen dagegen absorbieren. Es können also nur Schwingungen durchgehen, welche im Hauptschnitt der Nikols stattfinden.

Als ersten Fall betrachten wir ein planparalleles Plättchen, das parallel zur optischen Axe geschliffen ist.

im parallelen Licht. In Figur 12 ist angenommen, daß das vom Polarisator PP' kommende Licht in vertikaler Ebene schwingt. Die Trennungsfläche des Plättchens sei senkrecht zu dieser Vibrationsebene, liege also in der Papierebene. Es sei nun RR' eine solche auftreffende Schwingung der Lage und Größe nach. Da im Plättchen aber nur Wellen parallel zur optischen

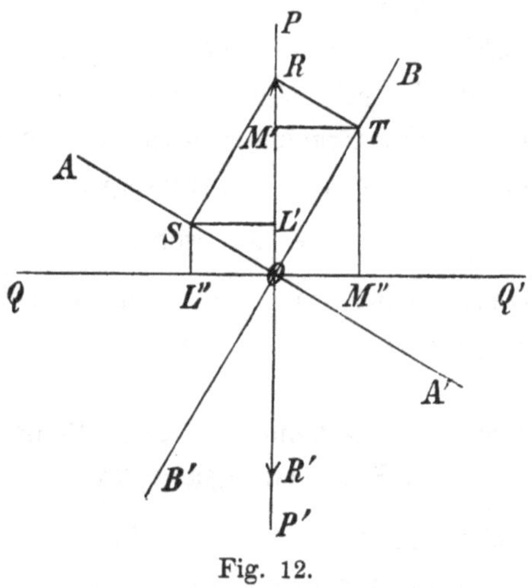

Fig. 12.

Axe und senkrecht dazu schwingen können, so muß sich unsere Welle in zwei in AA' und BB' schwingende teilen. Ihre Amplituden OS und OT erhalten wir, indem wir die Amplitude der auffallenden Welle OR auf AA' und BB' projizieren. Kurz nach dem Auffallen auf das Plättchen schwingen nun die beiden gebrochenen Wellen schön zusammen nach S und T und durch die Ruhelage O zurück nach der andern Seite. Im Krystall selber aber pflanzen sich die beiden Wellen mit verschiedener Geschwindigkeit fort. Es tritt also ein Gangunterschied ein, der aber zu keiner Interferenz Anlaß geben kann, da die Wellen senkrecht zueinander polarisiert sind. Wenn jetzt diese Wellen auf den Analysator auffallen, dessen Hauptschnitt QQ' senkrecht zu dem des Polarisators sein möge (gekreuzte Stellung), so muß sich jede der beiden Wellen wieder in zwei spalten, deren Amplituden die Projektionen OL', OL'' und OM', OM'' sind. Gemäß der Konstruktion des zweiten Nikols werden aber OL' und OM' absorbiert, während die Wellen, die in QQ' schwingen, durchgelassen werden. OL'' und OM'' können nun, da sie in gleicher Ebene schwingen, interferieren. Die Amplitude der resultierenden Welle ist aber nicht etwa die Differenz der beiden Amplituden, aus dem einfachen Grunde, weil die beiden Wellen eine gewisse Phasendifferenz aufweisen. Solange also AA' nicht mit PP' oder QQ' zusammenfällt, herrscht immer noch Helligkeit im Gesichtsfeld des Analysators. In letzteren zwei Fällen aber tritt totale Auslöschung ein, da OR dann ohne Zerlegung durch das Plättchen hindurchgeht und vom Analysator absorbiert wird. Wir haben daher bei einer Drehung des Plättchens in seiner Ebene um 360° im ganzen vier Stellen totaler Auslöschung. Wenn wir die Richtung auf dem Plättchen, für welche dies geschieht, vergleichen mit der Richtung der natürlichen Umrißlinien unseres Plättchens, so können wir aus dem so gefundenen Extinktionswinkel wichtige Schlüsse auf das Krystallsystem machen. Denn wir sehen leicht, daß unser Plättchen beliebig aus dem Krystall herausgeschnitten werden kann, daß immer für die

Richtung, welche die Projektion der Axenrichtung auf die Trennungsfläche darstellt und senkrecht dazu totale Auslöschung eintritt. Nur für einen Fall ist die Auslöschung permanent, wenn nämlich die Axe des Plättchens in der Richtung der auffallenden Strahlen liegt.

Etwas anders gestalten sich die Erscheinungen im Polarisationsapparat, wenn wir durch eine Linsenvorrichtung das auf das senkrecht zur optischen Axe geschliffene Plättchen auffallende Lichtbündel konvergent machen. Wir haben dann die Vorgänge beim Durchtritt eines mit Strahlen angefüllten Kegels, dessen mittlerer Strahl senkrecht auf der Begrenzungsebene unseres Plättchens stehe, durch ein planparallel begrenztes Medium zu untersuchen. Dabei machen wir vorerst die Voraussetzung, daß das benützte Licht einfarbig (homogen) sei, daß ferner die beiden Nikols parallel seien. Wir wissen dann, daß der zentrale Strahl unverändert durchgeht, da er in Richtung der optischen Axe auffällt; er geht also auch tale quale durch den Analysator, sodaß wir dessen Gesichtsfeld im Zentrum hell sehen. Gehen wir nun allmählich zu Strahlen über, welche einen immer größern Winkel mit der optischen Axe bilden, so wird auch die Doppelbrechung stärker, die beiden gebrochenen Wellen erhalten also einen um so größeren Gangunterschied, je größer die Obliquität der auffallenden Strahlen ist. Die beiden gebrochenen Wellen können aber nicht miteinander interferieren, da ihre Schwingungsebenen senkrecht zueinander stehen. Erst im Analysator auf gleiche Schwingungsebene gebracht, erhalten wir die charakteristischen Interferenzfiguren.

Bevor wir aber auf sie eingehen können, müssen wir die erwähnten Vorgänge einer genaueren Betrachtung unterziehen. Wir greifen dazu einen beliebigen Strahl unseres Strahlenkegels heraus. Seine Einfallsebene wird dann im allgemeinen nicht mit seiner Schwingungsebene, d. h. dem Hauptschnitt des Polarisators zusammenfallen. Da aber die Einfallsebene ein

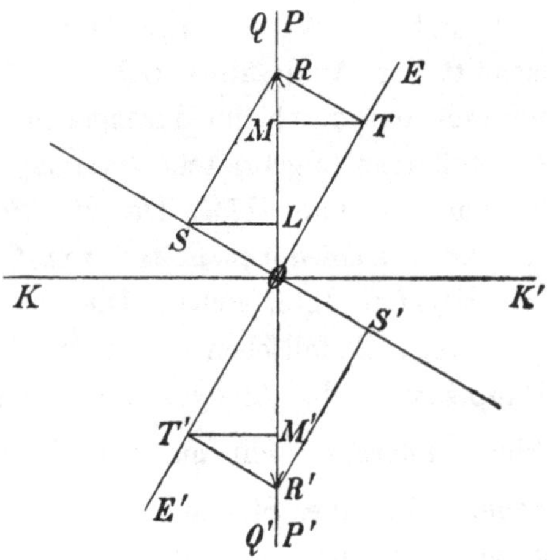

Fig. 13.

Hauptschnitt des Plättchens ist, so wird sich jeder Strahl in zwei in seiner Einfallsebene und senkrecht zu ihr schwingende Strahlen zerlegen müssen. Sei also *RR'* (Fig. 13) eine Schwingung des auffallenden Strahls, *EE'* die Einfallsebene, so werden die resultierenden Amplituden nach der Doppelbrechung *OS* und *OT* sein. Insbesondere werden die beiden gebrochenen Wellen zugleich nach *S* und *T* schwingen, wenn die auffallende Welle nach *R* schwingt. Beim Durchgang durch das

Plättchen erhalten nun die beiden Wellen eine gewisse Phasendifferenz, sodaß bei der Ankunft am Analysator die Ätherteilchen nicht mehr zugleich nach S und T schwingen. Gehen wir vom zentralen Strahl nach außen, so wächst, da die Doppelbrechung zunimmt, die Phasendifferenz der gebrochenen Wellen stetig, wird also einmal $\frac{\lambda}{2}$ erreichen. Die beiden Wellen schwingen dann zugleich nach S und T'. Wenn nun, wie wir annahmen, der Hauptschnitt des Analysators QQ' ist, so erhalten wir die Amplitude der durch ihn durchgehenden Schwingung als die Differenz (algebraische Summe) der beiden Projektionen von OS und OT'. Da die Projektionen OL und OM' zu verschiedenen Seiten von O ausfallen, so haben wir negative Interferenz. Diese ist total für einen Strahl, dessen Einfallsebene einen Winkel von 45° mit dem Hauptschnitt des Analysators einschließt. Da aber die Phasendifferenz nicht nur für einen Punkt $\frac{\lambda}{2}$ beträgt, sondern für alle Strahlen gleicher Obliquität dieselbe ist, so ist die im Analysator resultierende Figur ein dunkler Ring, welcher die zentrale helle Stelle umgibt. Kommen wir nun zu Wellen von größerer Phasendifferenz, so können wir leicht an Hand unserer Figur sehen, daß die Interferenz wieder schwächer wird. Hat die Phasendifferenz den Wert λ erreicht, so schwingen die beiden Wellen wieder gleichzeitig nach S und T, die Projektionen OL und OM, deren Summe die Amplitude der durch den Analysator gehenden Welle ist, fallen auf gleiche Seite von O. Wir erhalten ein Maximum, welches sich durch einen hellen Ring im Gesichtsfeld des Analysators anzeigt. So können wir fortfahren mit unserer Betrachtung und können uns in einfacher Weise erklären, daß bei der gegebenen Anordnung allmählich ineinander übergehende dunkle und helle Ringe entstehen, welche den Kontrast am schönsten zeigen für die zwei Richtungen, welche einen Winkel von 45° mit dem Hauptschnitt des Analysators bilden. Daß die Ringe nach außen immer enger werden, hat seinen Grund darin, daß bei steigender Obliquität bereits geringere Winkelunterschiede einen Gangunterschied von $\frac{\lambda}{2}$ bedingen.

Damit ist aber die Betrachtung noch nicht erschöpft. Es gibt nämlich zwei Richtungen, längs welcher in unserm Krystallplättchen die einfallende Welle nicht in zwei zerlegt wird. Dies ist der Fall für alle Strahlen unseres Strahlenkegels, deren Einfallsebene parallel oder senkrecht zum Hauptschnitt des Polarisators ist. Im ersten Fall gibt es nur eine außerordentliche, im zweiten nur eine ordentliche Komponente. Dies wird leicht veranschaulicht, indem man in Figur 13 z. B. EE' mit PP' zusammenfallen läßt. Da nun Polarisator und Analysator einander parallel sind, so gehen diese Schwingungen auch ohne Zerlegung durch letztern. Es erklärt sich daraus das helle Kreuz, welches das Ringsystem durchsetzt, und dessen Arme parallel bezw. senkrecht zum Polarisator sind.

Unsere ganze Betrachtung kann nun auch übertragen werden auf den Fall, wo die Nikols gekreuzt sind. Wir haben dann nur die Projektion von SS' und TT' (Fig. 13) auf KK' als den Hauptschnitt des Analysators zu machen. Wir sehen gleich dabei den Unterschied: wo früher die Projektionen zu gleichen Seiten von *O* ausfielen, da sind sie jetzt zu entgegengesetzten Seiten und umgekehrt, d. h. wo früher ein Maximum war, da ist jetzt ein Minimum, und umgekehrt. Die ganze Erscheinung dreht sich um: Um einen zentralen Fleck gruppieren sich helle und dunkle Ringe. Auch das helle Kreuz wird dunkel, da für die betreffende Richtung die auf den Analysator auffallenden Wellen senkrecht zu seinem Hauptschnitt schwingen.

Die ganze Erscheinung wird noch schöner, wenn wir heterogenes, am einfachsten weißes Licht zu unserem Versuche benützen. Für jede Lichtgattung bekommen wir dann die entsprechende Interferenzfigur, und da die Dimensionen derselben von der Wellenlänge abhängen, so erhalten wir durch Superposition der Figuren verschieden gefärbte Ringe. Man nennt die Gesamtheit dieser Farbenerscheinungen im Polarisationsapparat chromatische Polarisaton. Bei unserm Versuche ist die Reihenfolge der Farben die der NEWTON'schen Ringe; und wie bei diesen, geht auch bei jenen die Färbung der Ringe höherer Ordnung (der weiter abstehenden Ringe) in das Weiß höherer Ordnung über, das man sich sehr leicht auf folgende Art erklären kann: Bei gegebenem Gangunterschied ist die Phasendifferenz verschieden für die verschiedenen Wellen des weißen Lichts. Während daher die Wellen, die schon einmal interferiert haben, bei wachsendem Gangunterschied ihre Interferenz bereits wiederholen, kommen andere Lichtgattungen erst zum ersten Male zur Interferenz. Denken wir uns also das weiße Licht in ein Spektrum ausgebreitet, so werden bei genügend großem Gangunterschied schließlich aus jedem

Teile des Spektrums gewisse Lichtgattungen verschwunden sein; dieses wird also von schwarzen Linien durchfurcht erscheinen. Die übrig bleibenden Farben bilden dann das Weiß höherer Ordnung.

Das Kreuz besitzt im Gegensatz zu den Ringen stets die Färbung des benützten Lichts, man nennt diese beiden Linien daher achromatisch. Die Linien gleicher Färbung — in unserm Falle sind es Kreise — heißen dagegen isochromatische Linien.

Die zweiaxigen Krystalle.

§ 8. Die Elastizitätsfläche.

Das Studium der Lichtfortpflanzung in zweiaxigen Krystallen hat den allgemeinsten Fall der Doppelbrechung zum Gegenstand. Dagegen können die einaxigen Krystalle als Spezialfälle der zweiaxigen betrachtet werden. Es wird daher nicht uninteressant sein, sich bei den einzelnen neuen Resultaten des schon bekannten Spezialfalls zu erinnern. Wir hätten auch von vornherein mit den zweiaxigen Krystallen beginnen können und die einaxigen nebenher behandeln; doch schien es der Leichtigkeit des Verständnisses wegen angezeigt, zuerst das Leichtere und Einfachere, das ja darum eher noch geometrisch bewiesen werden konnte, zu behandeln.

Bei dem neuen Studium gehen wir wieder von der Elastizität des Mediums aus. Es hat sich gezeigt, daß sich diese in allen Krystallen, welche nicht unter die Klasse der isotropen und einaxigen gebracht werden können, doch immer noch zu drei aufeinander senkrecht stehenden Ebenen symmetrisch verhält, d. h. denken wir uns irgend eine Richtung und ihr Spiegelbild in Bezug auf eine dieser drei Ebenen, so haben wir auf beiden die gleiche Elastizität. Wir fragen nun zuerst wieder nach der Elastizitätsfläche. Gemäß den erwähnten Symmetrieverhältnissen nehmen wir die Schnittlinien der drei Symmetrieebenen als die drei Koordinatenaxen, tragen zuerst auf diesen die entsprechenden Hauptelastizitäten auf; sodann machen wir die Konstruktion für jeden Strahl durch den Ursprung und erhalten durch Verbinden aller so gewonnenen Punkte eine Fläche, welche uns für jede Richtung die Elastizität auf ihr angibt. Um auf die Lichtfortpflanzung überzugehen, ist es aber auch hier zweckmäßiger, anstatt die Elastizitäten selbst, die Quadratwurzeln aus ihnen aufzutragen, und wir erhalten so die eigentliche Elastizitätsfläche (Fig. 14), welche, wie die Analysis lehrt, und wie wir leicht vermuten, ein Ovaloid mit den drei ungleichen Axen $\sqrt{e'}$, $\sqrt{e''}$ und $\sqrt{e'''}$ ist.

Nun nehmen wir wieder unsere Formel zu Hilfe, wonach

$$V = c\sqrt{\frac{e}{d}},$$

wobei c und d wieder konstant sind. Es gibt also unter dieser Voraussetzung $\sqrt{e}$ direkt ein Maß für die Fortpflanzungsgeschwindigkeit einer Welle. Dabei kommt auch hier wieder nur die Elastizität in Richtung der Ätherschwingungen selbst in Betracht. Nehmen wir daher irgend eine Richtung im Krystall, auf welche wir das Centrum unseres Ovaloids bringen, so müssen wir, wenn jene die Fortpflanzungsrichtung der Welle bedeutet, eine Ebene senkrecht zu ihr durch das Centrum legen, um die Elastizitätsverhältnisse in ihr als der Wellenebene zu finden. Wenn nun die Welle als natürliche Welle durch den Krystall ginge, wenn also in der Wellenebene die Schwingungen nach allen Richtungen erfolgten, so käme die ganze Schnittkurve der Ebene mit dem Ovaloid in Betracht und zwar so, daß der Abstand jedes Punktes des Schnittovals — denn die Schnittkurve ist stets ein Oval (Geometrie) — vom Centrum die Fortpflanzungs-

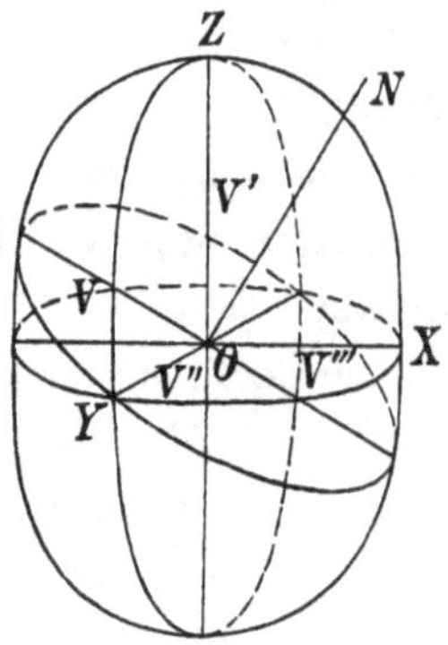

Fig. 14.

geschwindigkeit einer Welle für die betrachtete Richtung gäbe. Die Erfahrung lehrt aber auch hier mit der Theorie der Elastizität übereinstimmend, daß im allgemeinen nur zwei gebrochene Wellen auftreten. Unser Oval gibt die Fortpflanzungsgeschwindigkeiten dieser beiden Wellen durch seine beiden Halbaxen, da dies, wie die Theorie es verlangt, die beiden Richtungen der größten und kleinsten Elastizität in der Wellenebene sind. Wenn wir diese Halbaxen auf der Richtung auftragen und durch die Endpunkte wieder die senkrechten Ebenen legen, so haben wir den Ort der Wellenebenen nach Verfluß einer Sekunde. Was wir für eine Richtung ausgeführt haben, das können wir für alle machen; wir gehen also über zur Konstruktion und Betrachtung der Wellenfläche.

§ 9. Die Wellenfläche.

Die Form der Wellenfläche für zweiaxige Krystalle ist nicht so schnell erkenntlich, wie die der einaxigen.

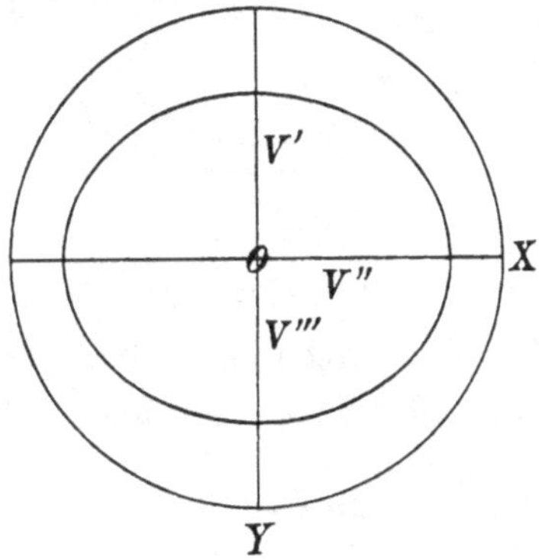

Fig. 15.

Auf jeden Fall dürfen wir uns nicht beschränken auf die Konstruktion eines Schnittes der Wellenfläche, wie wir es früher taten, da wir es ja mit einem Rotationskörper zu tun hatten. Wir können uns aber auch jetzt leicht eine Vorstellung von der Wellenfläche machen, wenn wir die drei Hauptschnitte derselben konstruieren. Da unser Ovaloid symmetrisch zu den drei Koordinatenebenen ist, so muß es notwendig auch die Wellenfläche sein. Diese drei Symmetrieebenen sind die drei Hauptschnitte, die wir nun zeichnen wollen.

1. Wir lassen einen Vektor ON in der Ebene XY von X nach Y wandern, die zugehörigen Diametralschnitte gehen dann alle durch OZ. Wir sehen, daß die eine Halbaxe des Schnittovals konstant gleich V' bleibt, die

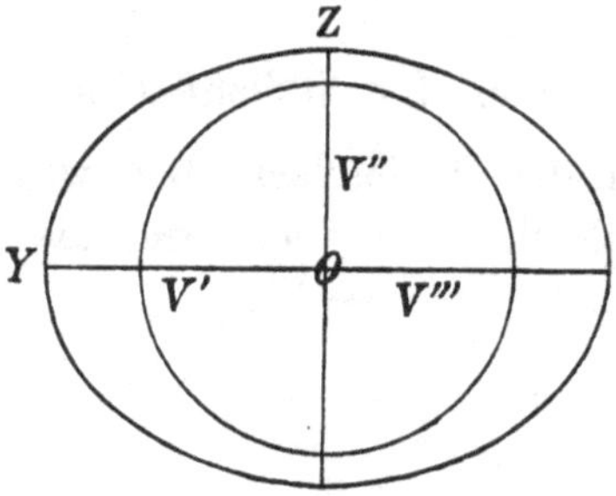

Fig. 16.

andere von V'' bis V''' abnimmt; vorausgesetzt, daß $V' > V'' > V'''$. Wir tragen also bei der Konstruktion auf ON die beiden Halbaxen ab und ziehen durch die

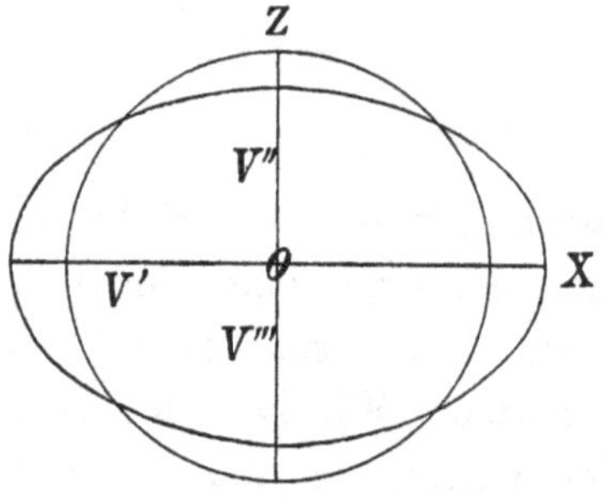

Fig. 17.

zwei Endpunkte die Senkrechten. Dann erhalten wir einen von Geraden eingehüllten Kreis vom Radius V' und eine ebensolche Ellipse von den Halbaxen V'' und V''' (Fig. 15).

2. Wir führen den Vektor ON in YZ von Y nach Z; dann bleibt für alle Diametralschnitte die eine Halbaxe konstant gleich V''', während die andere von V' bis V'' abnimmt. Wir erhalten in analoger Weise einen Kreis mit V''' und eine Ellipse mit V' und V'' (Fig. 16).

3. Der Vektor ON drehe sich in XZ von Z nach X (Fig. 14); dann bleibt bei unserer Konstruktion V'' konstant, während die zweite Halbaxe von V''' bis V' zunimmt. Wir bekommen daher einen Kreis mit V'' und eine Ellipse mit V''' und V' (Fig. 17).

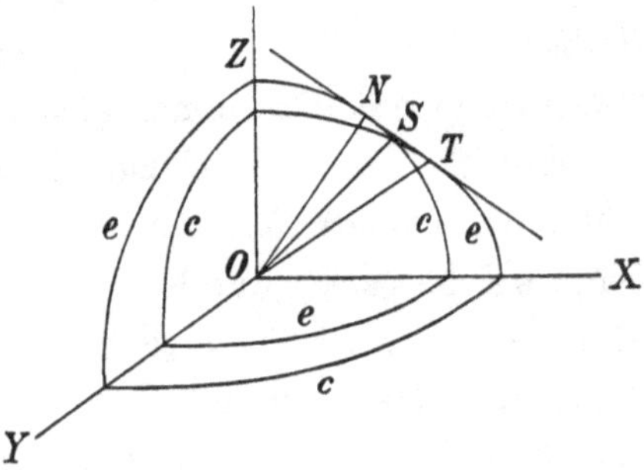

Fig. 18.

Setzen wir nun diese drei Hauptschnitte in der richtigen Weise zusammen, so erhalten wir, was Fig. 18 freilich nur für einen Oktanten zeigt. Dabei sind die Kreise mit *c*, die Ellipsen mit *e* bezeichnet. Wir sehen daraus, daß die Wellenfläche aus einer innern und einer äußern Schale besteht. Diese stoßen an einem bezw. vier Punkten S zusammen, von denen je zwei auf einer durch das Centrum gezogenen Geraden liegen. Diese Punkte, welche also zugleich beiden Schalen angehören, geben die Richtungen der zwei Strahlenaxen OS, Richtungen, nach welchen sich nur ein Strahl fortpflanzt. Im Gegensatz dazu gibt es eine Richtung, in welcher sich nur eine Welle bewegt. Diese Richtung ON erhalten wir, indem wir eine Tangentialebene an die Wellenfläche so legen, daß sie N und T zugleich berührt. Diese Ebene berührt aber die äußere Schale nicht nur in zwei Punkten, sondern, wie eine nähere Betrachtung der Wellenfläche lehrt, in einem Kreis vom Durchmesser NT, der die trichterförmige Vertiefung S umgibt. Nebenbei erwähnt, erhalten wir die Richtungen ON sehr leicht auch aus dem Ovaloid. Geht nämlich ON (Fig. 14) in XZ von Z nach X, so nimmt die eine Halbaxe V von V''' bis V' zu, muß also der mittleren Geschwindigkeit V'' einmal gleich werden. In diesem Fall wird das Schnittoval zum Kreis, und wir erhalten nicht zwei, sondern nur eine Wellenebene. Für alle Strahlen, welche also durch die Peripherie des Berührungskreises gehen, ist NT (Fig. 18) die gemeinsame Wellenebene. Da aber all diese Strahlen nach verschiedenen Richtungen polarisiert sind, so ist NT eine Welle natürlichen Lichts. Dieser Eigenschaften wegen nennt man die beiden Richtungen ON die optischen Axen des Krystalls. Sie liegen in der Ebene XZ und haben als Halbierungslinien OX und OZ. Nach dem Gesagten können sie auch definiert werden als die Normalen auf den Kreisschnitten des Ovaloids. Man nennt Axenwinkel den kleinern der von den Axen eingeschlossenen Winkel. Die Halbierungslinie desselben heißt erste Mittellinie, auch Bissectrix, während die dazu senkrechte Linie die zweite Mittellinie genannt wird. Die Definition der optischen Axen zweiaxiger Krystalle unterscheidet sich also von derjenigen für einaxige dadurch, daß für jene die optische Axe nur die Richtung einfacher Brechung für die Wellenebenen, nicht aber auch für die Strahlen ist.

Daß aber diese beiden Richtungen hier nicht zusammenfallen, gibt nun Anlaß zu einer äußerst interessanten Erscheinung. Nehmen wir an, es werde eine einfallende Welle nach ON gebrochen, so gehören zu dieser alle Strahlen, welche die Generatoren des Kegels mit der Spitze O und dem Kreis NT als Basis bilden. Wir erhalten aus einem Strahl einen Strahlenkegel. Man nennt dieses Phänomen innere konische Refraktion. Dieser Bezeichnung gemäß gibt es auch eine äußere. Diese tritt ein, wenn im Krystall sich ein Strahl in Richtung der Strahlenaxen fortpflanzt. Zu diesem einen Strahl gehören alle Wellenebenen, welche die Wellenfläche in S berühren. Nebenbei gesagt, ist auch dieser Strahl unpolarisiert, da die zugehörigen Wellenebenen nach allen möglichen Richtungen polarisiert sind. Beim Austritt aus dem Krystall nun gibt jede dieser Wellen Anlaß zu einem besondern Strahl, die zusammen wieder einen Kegel bilden mit dem Austrittpunkt als Spitze, da ja die Wellenebenen sich konisch um S gruppieren.

Da wir schon vom Axenwinkel gesprochen haben, so wollen wir an dieser Stelle noch auf die Einteilung der zweiaxigen Krystalle in positive und negative eingehen. Man definiert diese zwei Klassen folgendermaßen: Ist OZ (die Richtung der größten Elastizität) die erste Mittellinie, so heißt der Krystall negativ, ist es OX, so heißt er positiv. In ersterm Fall nähert sich die mittlere Geschwindigkeit V'' mehr V''', in letzterem mehr V'.

Diese Definition steht in Übereinstimmung mit der frühern für einaxige Krystalle. Kommt nämlich V'' näher an V''', so werden wir im Grenzfalle, wo $V'' = V'''$, eine Kugel bekommen, welche einem Ellipsoid eingeschrieben ist, also den Fall einaxiger negativer Krystalle. Wenn dagegen V'' V' näher kommt, so erhalten wir für den Grenzfall $V'' = V'$ eine Kugel, welche einem Ellipsoid umschrieben ist, also die Wellenfläche einaxiger positiver Krystalle. Dies ergibt sich leicht bei einer Betrachtung an Fig. 17 oder 18. Wie mit Hilfe der nun bekannten Wellenfläche die gebrochenen Wellen und Strahlen gefunden werden können, dürfte nach dem Früheren ohne weiteres erhellen. Einige Zeichnungen, welche die Huyghenssche Konstruktion für verschiedene Lagen der Wellenfläche, insbesondere für den Fall der konischen Refraktion vor Augen führen, werden leicht die Brechungsverhältnisse zweiaxiger Krystalle veranschaulichen. Im Anschluß an das Gesagte sei noch bemerkt, daß bei zweiaxigen Medien die Unterscheidung von ordentlichem und außerordentlichem Strahl hinfällig wird; denn beide sind hier außerordentlich.

Damit kommen wir zur Frage der Schwingungsebene von Wellenebene und Strahl. Diese wird sehr einfach gelöst, wenn wir das Resultat der Elastizitätslehre heranziehen, wonach eine Welle stets in zwei nach den Richtungen der größten und kleinsten Elastizität schwingende Wellen zerlegt wird. Nehmen wir also im Ovaloid irgend eine Normale ON und konstruieren den Diametralschnitt, so sind, wie wir wissen, die Richtungen der beiden Ovalaxen zugleich die Richtungen der größten und kleinsten Elastizität; die Schwingungsebenen sind also die durch Normale und diese Axen gelegten Ebenen. Auch hier stehen die Schwingungsebenen zweier Wellen derselben Richtung senkrecht zueinander; es bleibt aber auch hier nach der Undulationstheorie die Zugehörigkeit der Schwingungsebene zur einen oder andern Welle unentschieden. Doch machen wir konsequenterweise dieselbe Annahme wie früher.

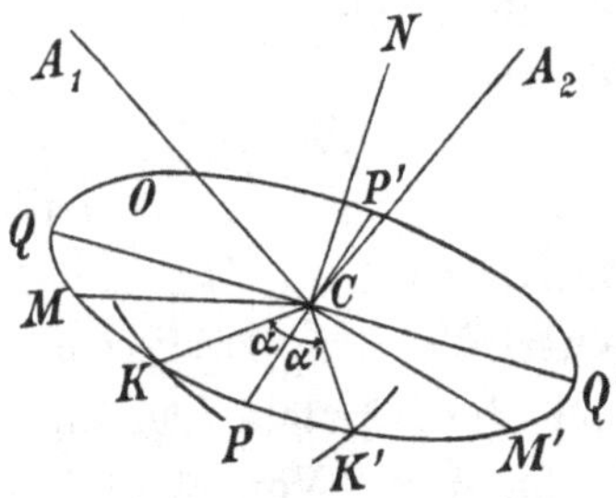

Fig. 19.

Es ist nun aber oft unzweckmäßig, zur Bestimmung der Polarisationsebenen gebrochener Wellen auf das Ovaloid ihrer Geschwindigkeiten zurückkommen zu müssen. Um dies zu umgehen, wollen wir eine Beziehung zwischen der Lage der Vibrationsebenen und den optischen Axen herleiten. Wir benützen dazu Figur 19. Sei CN irgend eine Normalenrichtung im Ovaloid und O das durch den Diametralschnitt entstandene Oval. Seien ferner CA_1 und CA_2 die beiden optischen Axen, welche, wie wir wissen, senkrecht auf den beiden Kreisschnitten des Ovaloids stehen. Von letzteren sind nur diejenigen Bruchstücke gezeichnet, die das Oval in K und K' schneiden. Wenn nun PP' und QQ' die beiden Axen unseres Ovals bedeuten, so muß notwendig $\alpha = \alpha'$ sein, da ja $CK = CK'$. Wenn wir uns ferner die Schnittlinien der beiden durch CN und die Axen gelegten Ebenen mit dem Oval, nämlich CM und CM' zeichnen, so können wir sogleich angeben, daß die Winkel KCM' und $K'CM$ rechte sein müssen; denn KC steht senkrecht auf CN und CA_2, also auf der durch sie gelegten Ebene und damit auch auf CM'. Ähnliches gilt für $K'C$. Da nun die Winkel PCM' und PCM beide gleich $(90 - \alpha)$ sind, so sind sie gleich. Daraus schließen wir, daß die Ebene PCN den Winkel der beiden Ebenen A_1CN und A_2CN halbiert. Auf das Physikalische übertragen heißt das, daß die Schwingungsebene irgend einer Welle in zweiaxigen Krystallen den Winkel der durch die Normale und die optischen Axen gelegten Ebenen halbiert. Von diesem wichtigen Resultate werden wir später Gebrauch machen.

§ 10. **Das Ellipsoid der Strahlengeschwindigkeiten.**

Obschon wir nun durch die ausgeführte Betrachtung im stande sein würden, uns alle Phänomene der Doppelbrechung in zweiaxigen Medien zu erklären, so wollen wir doch auch hier nach einem innigeren Zusammenhang zwischen Strahlen und Wellen suchen; ist doch die Wellenfläche zugleich die Strahlenfläche, die Fläche, die man sich konstruiert denken kann durch Abtragen der Strahlenfortpflanzungsgeschwindigkeiten auf allen durch ein Centrum gehenden Richtungen. Wir fragen also wieder nach einer Oberfläche, welche für jede Richtung die Geschwindigkeit des Strahls angeben kann und auf diese Weise in einfacher Form die Strahlenfläche zu konstruieren verspricht. In der Tat gibt es wieder ein Ellipsoid, freilich mit drei ungleichen Halbaxen V', V'' und V''', welches uns diesen Dienst tut. Die Richtigkeit dieser Behauptung lässt sich leicht, wenigstens an den Hauptschnitten erweisen. Lassen wir also wieder einen Strahl CS (Fig. 20) in XY von X nach Y wandern, dann geht der Diametralschnitt stets durch OZ. Tragen wir sodann die beiden Halbaxen

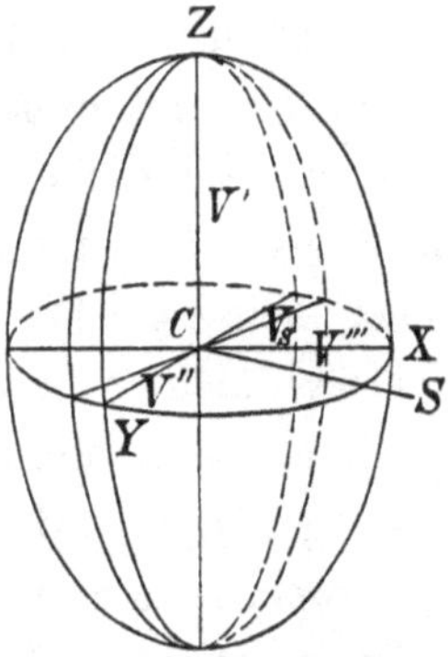

Fig. 20.

der Schnittellipse V' und V_s auf CS ab und verbinden die so gewonnenen Punkte, so erhalten wir einen Kreis mit V' und eine Ellipse mit V'' und V''', also den ersten Hauptschnitt der Wellenfläche. Machen wir die angegebene Konstruktion auch in den Ebenen YZ und ZX, so erhalten wir ebenfalls je einen Kreis und eine Ellipse, überhaupt, wie man sich an einer Zeichnung überzeugen möge, die getreue Wiedergabe der beiden andern Hauptschnitte. Für die Strahlen, die in keiner der drei Symmetrieebenen liegen, reicht unser konstruktiver Beweis allerdings nicht aus, da müssen wir es der mathematischen Darlegung überlassen, zu zeigen, daß bei der angegebenen Konstruktion genau die schon bekannte Wellenfläche entsteht. Auch die Vibrationsebenen unserer Strahlen erhalten wir ohne weiteres als die zwei Ebenen durch CS und die beiden Axen der Schnittellipse. Diese Ellipse wird auch hier zweimal zum Kreis. Wenn nämlich CS sich in XZ bewegt, da müssen notwendig die beiden Halbaxen der Schnittellipse einmal gleich werden, da die eine konstant gleich V'', die andere aber durch V'' hindurchgehend sich von V' bis V''' ändert. Eine Ellipse wie ein Oval mit gleichen Axen ist aber ein Kreis. In diesem Falle sind auch die Schwingungsebenen beliebig. Ein Strahl in Richtung der Strahlenaxen ist also nicht polarisiert.

Um die Polarisationsebenen der Strahlen zu finden, wären wir auch hier genötigt, auf das Ellipsoid ihrer Geschwindigkeiten zurückzukommen; doch können wir eine ähnliche Beziehung zwischen den Vibrationsebenen der Strahlen und den Strahlenaxen herleiten, wie sie im letzten Paragraphen zwischen den Schwingungsebenen der Wellen und den optischen Axen gefunden worden ist. Man macht einfach die gleiche Überlegung am Ellipsoid anstatt am Ovaloid. Der Unterschied ist der, daß jetzt die Schnittfigur eine Ellipse ist und die darauf Senkrechte den Strahl bedeutet, während die Normalen auf den Kreisschnitten die Strahlenaxen sind. Man findet dann leicht den entsprechenden Satz, daß die Schwingungsebene eines Strahls den Winkel der durch ihn und die Strahlenaxen gelegten Ebenen halbiert.

Das besprochene Ellipsoid, das uns so in einfacher Weise die Gesetze der Strahlenfortpflanzung gibt, heißt Ellipsoid der Strahlengeschwindigkeiten oder auch etwa Elastizitätsellipsoid.

§ 11. Das Polarisationsellipsoid.

Wir haben gesehen, daß die Gesetze der gebrochenen Strahlen sich aus der Betrachtung eines relativ einfachen Körpers, nämlich eines Ellipsoids, ergeben, während diejenigen der gebrochenen Wellenebenen durch ein Ovaloid dargestellt werden. Man kann auch hier die Frage aufwerfen, ob dieses nicht auch durch ein Ellipsoid ersetzt werden könne. Dies ist in der Tat möglich, da jedes Ellipsoid sehr einfach aus einem Ovaloid konstruiert werden kann. Wir wissen von früher, daß man aus einem Oval eine Ellipse erhält, wenn man auf allen möglichen Halbmessern die reziproken Werte abträgt und alle Endpunkte miteinander verbindet. Wir lassen also z. B. in unserm Ovaloid die YZ-Ebene sich um OY drehen. In jedem Augenblicke wird sie sich dann in einem andern Oval mit dem Ovaloid schneiden. Machen wir die vorerwähnte Konstruktion für alle diese Ovale, so erhalten wir einen Körper, der von einer durch OY gehenden Ebene in lauter Ellipsen geschnitten wird. Nun hätten wir ihn aber durch Drehung der zur Konstruktion benützten Ebene um irgend eine andere Axe konstruieren können,

d. h. wir haben einen Körper, für den ein beliebiger Diametralschnitt eine Ellipse ist, also ein Ellipsoid. Das Ovaloid der normalen Geschwindigkeiten kann daher ersetzt werden durch das Polarisationsellipsoid von den Halbaxen $\frac{1}{V'}$, $\frac{1}{V''}$ und $\frac{1}{V'''}$. Will man die Wellenfortpflanzungsgeschwindigkeit für irgend eine Richtung, so macht man den zu ihr senkrechten Schnitt durch das Centrum des Ellipsoids und trägt die beiden reziproken Werte der beiden Halbaxen der Schnittellipse auf der Normalen ab. In gleicher Weise erhält man die Schwingungsebenen als die zwei Ebenen durch die Normale und die beiden Axen der Schnittellipse; denn nach der angegebenen Herleitung des Polarisationsellipsoids sind die Schnittfiguren einer in gleicher Lage durch das Ovaloid und das Ellipsoid gelegten Ebene ähnlich gelegen; also stimmen die Axenrichtungen des Ovals und der Ellipse überein. Daher sind in letzterem Falle die Vibrationsebenen gleich definiert.

Das Polarisationsellipsoid trägt auch den Namen Ellipsoid der Indices, weil es über den reziproken Werten der Fortpflanzungsgeschwindigkeiten V', V'' und V''' konstruirt ist. Seine Bedeutung liegt darin, daß es in einfacher Form die Gesetze der gebrochenen Wellenebenen gibt.

§ 12. Die Haupterscheinungen planparalleler Plättchen im Polarisationsapparat.

Den ersten Fall, wo wir ein planparalleles Plättchen, das beliebig aus dem Krystall geschnitten sein möge, im parallelen Licht betrachten, können wir kurz abmachen.

Wir kreuzen die Nikols und drehen das Plättchen in seiner Ebene. Dann wird einmal eine Lage kommen, wo sich das vom Polarisator kommende Licht im Plättchen nur einfach bricht. Dies geschieht nämlich dann, wenn die Schwingungsebenen der gebrochenen Wellen parallel bezw. senkrecht zur Vibrationsebene des auffallendes Lichtes sind. Dann verschwindet eine der gebrochenen Wellen, da ihre Komponente Null ist. In diesem Fall kommt das Licht mit einer Schwingungsebene beim Analysator an, welche die des Polarisators ist. Wir haben totale Auslöschung. Drehen wir das Plättchen um 90°, so wird das Gesichtsfeld ebenfalls ganz dunkel, da die Komponente der Welle, die bei der ersten Lage Null war, jetzt ein Maximum wird, während die andere Null wird. Diese Untersuchung im parallelen Licht ist von Wichtigkeit, weil, wie wir schon bei den einaxigen Krystallen hervorhoben, die Vergleichung des Winkels zwischen der Richtung der totalen Auslöschung mit den natürlichen Umrißlinien des Plättchens bei der Bestimmung der Krystalle benützt wird.

Ist das Plättchen senkrecht zu einer Axe geschliffen, so tritt auch für zweiaxige Krystalle permanente Auslöschung ein.

Damit wollen wir zu einigen interessanten Erscheinungen übergehen, wie sie sich im konvergenten, vorerst im homogenen Lichte darbieten. Wir lassen also ein linear polarisiertes Strahlenbündel so auf unser senkrecht zur ersten Mittellinie geschliffenes Plättchen auffallen, daß der mittlere Strahl wieder senkrecht auf der Begrenzungsebene steht. Dabei seien die Nikols gekreuzt und die Axenebene des Plättchens parallel zum Polarisator. Diejenigen Strahlen, deren gebrochene Wellen sich dann in Richtung der optischen Axen fortpflanzen, gehen ohne Änderung der Schwingungsebene durch, werden also vom Analysator absorbiert. Wir erhalten zwei schwarze Punkte, deren Verbindungslinie die Spur der Axenebene darstellt. Alle anderen Wellen unseres Strahlenkegels werden dagegen doppelt gebrochen, wobei ihr Gangunterschied um so größer wird, je mehr ihre Fortpflanzungsrichtung von der Richtung der optischen Axe abweicht. Die Phasendifferenz steigt also stetig mit wachsender Obliquität gegen diese und wird einmal $\frac{\lambda}{2}$ betragen. Sie ist aber nicht gleich für alle Wellen, deren Normalen mit einer der optischen Axen den gleichen Winkel bilden. Doch wird für geringe Obliquitäten Letzteres sehr nahe der Fall sein. Im Analysator wird daher als Interferenzfigur je ein heller, mehr oder weniger kreisförmiger Ring um die Spuren der optischen Axen entstehen; denn bei gekreuzten Nikols müssen wir nach früherem zur gegebenen Phasendifferenz stets noch $\frac{\lambda}{2}$ hinzufügen. Zwei Wellen, welche im Plättchen also eine Phasendifferenz von $\frac{\lambda}{2}$ erreicht haben, interferieren daher, im Analysator auf gleiche Schwingungsebene gebracht, wie mit einer Differenz von λ. Je schiefer nun die Wellennormalen gegen die optischen Axen sind, um so weniger können wir die Kurven gleicher Phasendifferenz ohne weiteres bestimmen. Wir können nur sagen, daß die Doppelbrechung, um beide Axen herum wachsend, schließlich einen so großen Gangunterschied der Wellen bewirken muß, daß die Interferenzfiguren, welche gleicher Phasendifferenz entspringen, sich nicht mehr zwischen den Spuren der optischen Axen schließen können, da ja die Doppelbrechung zwischen diesen nur einen gewissen Grad erreichen kann, sondern Kurven sein müssen, welche symmetrisch zu den Axenspuren gelegen diese gemeinsam umgeben. Die mathematische Untersuchung ergibt, daß diese Figuren Lemniskaten sind, deren Form man sich übrigens in jedem beliebigen Lehrbuch der Experimentalphysik besehen kann. Nun ist aber mit diesen Interferenzfiguren die Erscheinung im Analysator noch nicht vollständig erklärt. Während nämlich im allgemeinen die zwei gebrochenen Wellen im Analysator je wieder in zwei zerlegt werden, von welchen dann die zwei im Hauptschnitt schwingenden Komponenten sich zur Interferenzwelle zusammensetzen, gibt es gebrochene Wellen, deren Schwingungsebene zum Hauptschnitt des Analysators senkrecht steht, die also ohne weiteres absorbiert werden. Dies ist der Fall für alle Strahlen des Strahlenkegels, deren Einfallsebene mit der Axenebene des Plättchens oder der zu ihr senkrechten Ebene zusammenfällt. Dann schwingen auch die gebrochenen Wellen in vertikaler Ebene weiter, treffen also mit unveränderter Schwingungsebene auf den Analysator. Wir bekommen, da für diese zwei Richtungen kein Licht durchgeht, auch hier ein schwarzes Kreuz, das die Lemniskaten durchsetzt und zwar so, daß der eine Arm durch die beiden Axenspuren geht, der andere senkrecht dazu steht.

Man kann sich nun noch fragen, was geschieht, wenn das Plättchen in seiner Ebene gedreht wird, wenn also seine Axenebene nicht mehr mit dem Hauptschnitt des Polarisators zusammenfällt. Was die Interferenzfigur betrifft, so sieht man leicht ein, daß sie dieselbe bleiben muß, daß sie sich ganz einfach mit dem Plättchen dreht. Das schwarze Kreuz aber löst sich in zwei Kurven auf, deren Form sich ohne Schwierigkeit bestimmen läßt. Wir wissen

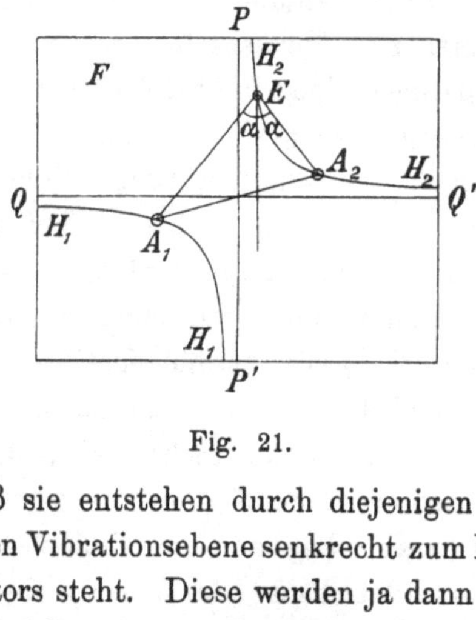

Fig. 21.

nämlich, daß sie entstehen durch diejenigen gebrochenen Wellen, deren Vibrationsebene senkrecht zum Hauptschnitt des Analysators steht. Diese werden ja dann sämtlich absorbiert. Sei daher F unser Plättchen (Fig. 21) — alles im Schnitt gezeichnet —, PP' und QQ' die Hauptschnitte des Polarisators und Analysators. Ferner seien A_1 und A_2 die beiden optischen Axen, deren Ebene (Verbindungslinie) jetzt mit PP' irgend einen Winkel bilde. Wir müssen nun diejenigen Punkte E der Ebene F suchen, welche die Eigenschaft haben, daß der Winkel A_1EA_2 von einer Vertikalen halbiert wird; denn wir suchen ja die gebrochenen Wellen mit vertikaler Schwingungsebene. Die Vibrationsebene in zweiaxigen Krystallen muß aber zugleich den Winkel der durch Wellennormale und Axen gelegten Ebenen halbieren. Machen wir die angegebene Konstruktion, so finden wir zwei Kurvenäste $H_1 H_1$ und $H_2 H_2$, welche, wie vorstehende Bestimmungsweise lehrt, Hyperbeläste sind. Nebenbei bemerkt, kann man auch allgemein diejenigen Punkte aufsuchen, für welche die Halbierungslinie des Winkels $A_1 E A_2$ irgend eine andere konstante Richtung hat. Macht man die Konstruktion nicht nur in einer Ebene, sondern für den ganzen Krystall, so erhält man den Ort gleich liegender Schwingungsebenen. Er trägt den Namen Isogyrenfläche. Auf unsern Versuch zurückkommend, finden wir also das Resultat, daß im Analysator zwei Hyperbeläste entstehen, die stets durch die Spur der optischen Axen durchgehen und deren Lage mit der Drehung des Plättchens sich ändert. Symmetrisch zur Spur der Axenebene sind sie nur dann, wenn diese unter einem Winkel von 45^0 mit dem Polarisator steht.

Die Erscheinung bei parallelen Nikols ist nun leicht zu übersehen. Für die Interferenzfigur ist nach früherem zu der Phasendifferenz der aus dem Plättchen austretenden Wellen $\frac{\lambda}{2}$ nicht hinzuzuzählen. Die Figur wird gegenüber der früheren einfach so, wie wenn jetzt alle Wellen $\frac{\lambda}{2}$ weniger zurückgelegt hätten. Die Spur der optischen Axen wird hell und darum lagern sich dunkle und helle Lemniskaten. Auch das schwarze Kreuz bezw. die Hyperbeläste werden hell, da jetzt die betreffenden Wellen im Hauptschnitt des Analysators schwingen.

Damit können wir zu einer weiteren Verallgemeinerung übergehen. Wir nehmen statt des ein-

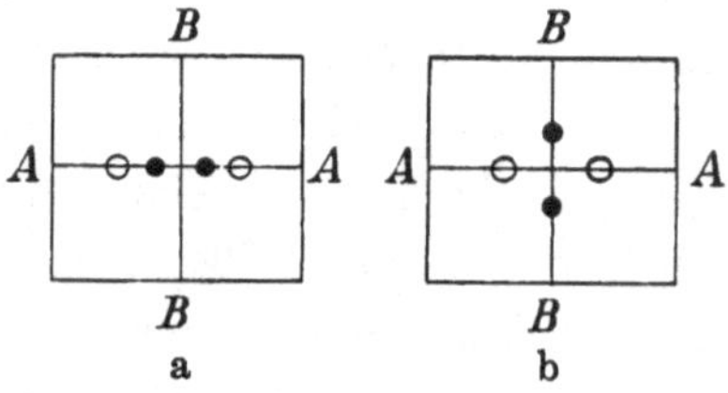

Fig. 22.

farbigen Lichtes weißes Licht. Wir kommen also zu den Erscheinungen der chromatischen Polarisation. Die Figuren werden dabei komplizierter als man zuerst

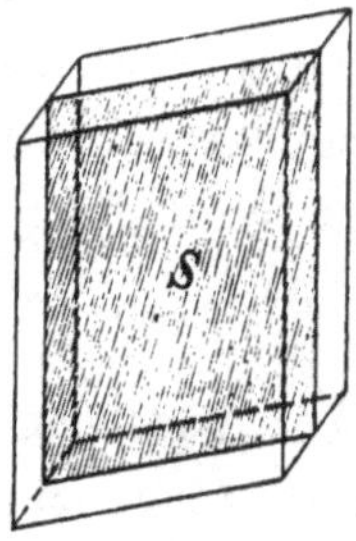

Fig. 23.

dächte, und das hat seinen Grund darin, daß die Lage der Wellenfläche im Krystall immer unbestimmter wird mit abnehmenden Symmetrieverhältnissen der Krystallsysteme, daß also je nach der Wellengattung die Wellenfläche eine andere Orientierung im Krystall haben kann.

Wir ersehen daraus, daß eine allgemeine Behandlung der Interferenzfigur recht kompliziert ausfallen würde, und beschränken uns also darauf, die Lage der Axenspuren zu bestimmen, d. h. die Dispersion der optischen Axen zu berücksichtigen, und fangen an mit dem orthorhombischen System. Da das orthorhombische Grundprisma drei Symmetrieebenen besitzt, so wissen wir zugleich, daß für die Wellenflächen sämtlicher Wellengattungen diese die drei Hauptschnitte darstellen. Was variieren kann, das ist der Axenwinkel, aber auch die Axenebene. Schneiden wir also ein Plättchen senkrecht

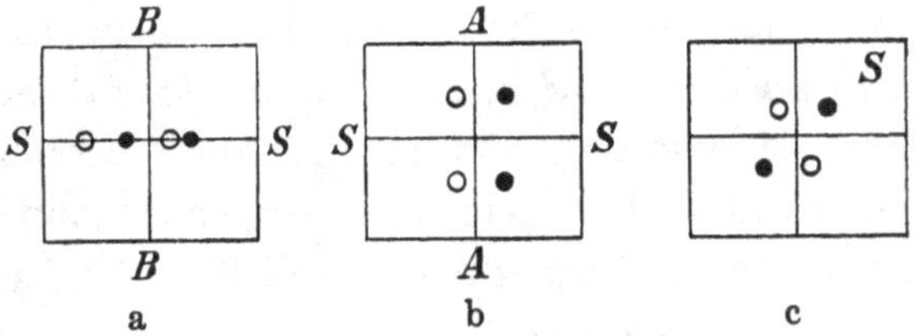

Fig. 24.

zur gemeinsamen Bissectrix, so werden wir im Analysator die Spuren der optischen Axen symmetrisch zu beiden Seiten von *BB* auf *AA* (Fig. 22a) sehen, vorausgesetzt, daß die Axenebene dieselbe für alle Wellen. (In unsern Figuren ist jeweilen nur die Zeichnung für zwei Wellenarten gemacht.) Es kann aber vorkommen, daß der Axenwinkel bis Null abnimmt und sich nach der zu seiner frühern Ebene senkrecht stehenden Ebene öffnet. Wir bekommen also Figur 22b. Dabei tritt der interessante Fall ein, daß für eine bestimmte Farbe, z. B. grün, der Krystall einaxig wird. Die erwähnte Erscheinung heißt gerade Dispersion. Anders verhält es sich mit dem monoklinen System. Das Grundprisma besitzt nur noch eine Symmetrieebene *S* (Fig. 23). Wir wissen darum nur, daß ein Hauptschnitt der Wellenfläche für alle Wellen übereinstimmt. Wir nehmen zuerst an, die erste Mittellinie befinde sich in *S* und diese Ebene sei zugleich die Axenebene. In diesem Fall wird ein senkrecht zu einer Bissectrix geschliffenes Plättchen schiefe Dispersion zeigen (Fig. 24a), da die Axenspuren nicht mehr symmetrisch zu *BB* liegen. Steht aber die Axenebene senkrecht auf *S*, so erhalten wir horizontale Dispersion (Fig. 24b). Die Axenebene fällt dann nicht mehr für alle Wellen mit *AA* zusammen. Steht endlich die gemeinschaftliche Bissectrix senkrecht auf *S*, so kann die Axenebene jede Lage um sie besitzen. Ein parallel zu *S* geschliffenes Plättchen wird daher gekreuzte Dispersion aufweisen (Fig. 24c). Im triklinen System schließlich hindern uns gar keine Symmetrieverhältnisse mehr, die Lage der Wellenfläche als beliebig anzunehmen. Dies wird sich durch vollkommen unregelmäßige Dispersion ausdrücken. Aus dem Gesagten geht somit leicht hervor, daß die Dispersion der optischen Axen von praktischer Bedeutung ist für die Bestimmung von Krystallen.

FSC
www.fsc.org
MIX
Papier | Fördert gute Waldnutzung
FSC® C083411

Zeitfracht Medien GmbH
Ferdinand-Jühlke-Straße 7
99095 Erfurt, Deutschland
produktsicherheit@kolibri360.de